どうして売れるルイ・ヴィトン

堺屋太一
と東京大学堺屋ゼミ生

講談社

はじめに

二〇〇二年から、私は東京大学先端科学技術研究センターの客員教授として、ゼミナールを開催した。テーマは「ブランド」である。このゼミナールには、二十数人の学生が参加、数多くの企業人に講師として来演していただけた。その中には、ドトールコーヒーの鳥羽博通社長、吉本興業の中邨《なかむら》秀雄前会長、ブックオフコーポレーションの坂本孝社長、そしてルイ・ヴィトン ジャパンの秦郷次郎社長らが含まれている。東京大学のゼミナールとしても異色の構成だった。

「ブランド」に関する研究は内外に数多い。日本の経済産業省でも、企業別のブランド価値を算定する試みもなされている。しかし、その内容は、主として大量生産大量販売によって生まれた知名度価値、つまり大量生産ブランドである。

ところが、今やそれとは異なるブランドが生まれている。生産販売の量を競うのではなく、イメージ価値を高めることで製造コストをはるかに上回る価格での販売を狙うラグジュアリー・ブランドである。

そもそも「ブランド」とは、「他との区別を主張することで価値を高めるもの」だ。そうしたものにも今は、三つの種類がある。

第一は、伝統ブランド。歴史的な事件か地理的な条件かによって、ある地域や集団が特に優れた技術や材料を獲得、それが厳格な選別と習練によって今に引き継がれている（と信じられている）商品名称である。西陣織、輪島塗、柿右衛門の陶器、ゾーリンゲンの刃物、ボヘミアン・グラス、あるいは祇園の舞妓などがそれである。

第二は、大量生産ブランド。大量生産大量販売、そして大量の広告宣伝によって商品の知名度を高めることで、買い手に安心感を与え、日常的な感覚で購入させるものだ。市場学的に言えば、購入の際の意思決定コストを低減することで販売量を増やし、大量生産利益を得ることを狙うのである。コカ・コーラ、コダック、トヨタ、ソニー、あるいはヒルトン・ホテルやマクドナルドなどが代表例である。

長い間、ブランドとはこの二つを指した。特に二十世紀の中葉においては、大量生産ブランドが横溢《おういつ》、経済産業省などのブランド価値計算も、専らこれに着目している。

ところが、一九八〇年ごろから第三のブランドが登場した。それは、ある特定のイメージを生み出すことで買い手に重い経験感と満足感を与え、製造コストとはかけ離れた価格で販売することを狙ったものだ。

例えばフランスのエルメス社は、一七〇年近い伝統を持つ馬具製造業者だが、一九七〇年代までは絹製品の技術も伝統も乏しかった。それが七〇年代末からネクタイやスカーフでトップ・ブランドとなり、今では陶器や宝飾にも手を広げている。馬具で築いた高級イメージを伝統のない分野にも応用し、特定の顧客（ファン）層を捉えたのだ。

同じように、喫煙具のダンヒルはスーツのブランドとなり、宝飾のティファニーは筆記用具を販売、陶器のウェッジウッドは紅茶のブランドとなった。私はこうしたブランドを「知価ブランド」、知恵の価値を創造し販売するブランドと呼んでいる。

一九八〇年以降、この種の知価ブランドが大いに発展、今では世界の大都市の目抜き通りを圧倒するほどになっている。生産販売量は必ずしも多くはないが、その特殊性と高価格のゆえに社会的存在感は急速に拡大している。人々の価値認識が物財の客観的数量追求から、主観的自己満足へと転換した知価革命現象の一つの象徴である。

ところが、ここに一つ、奇妙な存在がある。ルイ・ヴィトン、特に日本におけるルイ・ヴィトンである。

今日、日本ではルイ・ヴィトンはもっともよく知られたブランドであり、その製品は二五〇〇万個以上も使用されているという。日本国民五人に一人、成人女性なら二人に一人は持っているという大量販売の高知名度商品である。恐らく数の点では、トヨタの自動車、パナソニックの携帯電話、キヤノンのカメラにも匹敵するだろう。

しかし、ルイ・ヴィトンを「大量生産品」と考える者はほとんどいないだろう。どこでも大量に販売されているわけではなく、特定の選ばれた店舗でしか売っていない。広告にしたところで、テレビ・コマーシャルに登場することはまずない。厳選された雑誌か最上の場所の看板、いわば限定された市場（ファン層）に対する深彫りの広告姿勢である。

何よりの特色は、価格、生産コストをはるかに上回る価格設定がされ、よく守られている。それだけに、これを購入するのはきわめて非日常的なことであり、重大な決意が要る。つまり意思決定コストが高いのである。

要するに、ルイ・ヴィトンは二五〇〇万個以上も売れた今も、知価ブランドとしての要素をすべて厳守しているのである。

これほどの価格と販売量をルイ・ヴィトンは、専ら商品イメージの創出によって確立した。今回、本書の執筆に当たった東大生の多くは、ルイ・ヴィトンの品質の良さや耐久力を主張しながら、その主材料が皮革でないことさえ知らなかった。ルイ・ヴィトンは旅行用の梱包用品から発展した企業だが、決して皮革業者ではない。

大量販売と高級感、どこでも見られるポピュラリティーと非日常的高価格、この双方をルイ・ヴィトンはいかにして手に入れたのか。

この問題に堺屋太一ゼミナールの学生諸君が挑戦した。学生ならではのフィールド・ワークにはたっぷりと時間をかけたし、若者らしい情熱と懐疑心も発揮してくれた。それだけに十分読みごたえのある諸論文が集まったと思う。

しかし、なお「どうして売れる　ルイ・ヴィトン」の正解には達しなかったような気がする。もしそれが解明できれば、同じ手を使って、第二のルイ・ヴィトン、日本発の知価ブランドができるかも知れない。

知恵の値打ちを創造するのには、公式的な手法はない、というのが我々の得た結論である。だが、それだからこそ、誰でも知恵の値打ちを生み出し、巨富を得る可能性はある。

最後に、本書の作成にあたっては、ルイ・ヴィトン　ジャパンの秦郷次郎社長らの関係者に長時間の手間を煩わせた。歯の浮くようなお世辞にも、批判的精神の発露にも根気よくお付き合いいただいたことには深く感謝したい。

また、約二年にわたる研究と執筆に終始熱心にお手伝いいただいた、講談社の豊田利男氏と砂田明子氏には特段の御礼を申し上げたい。

この執筆メンバーの中から、世界的な知価創造者が出ることを読者の方々にも期待していただければ幸いである。

二〇〇四年九月　　　　　　　　　　堺屋　太一

●どうして売れる　ルイ・ヴィトン　目次

はじめに……1

序　章　**奇跡のブランド ルイ・ヴィトン**……堺屋太一　11
二五〇〇万個の高級品

第一章　**ルイ・ヴィトンの歴史**……梅岡陽子（法学部四年）　31
一五〇〇年の約束と裏切り

第二章　**女子大生とルイ・ヴィトン**……竹原浩太（経済学部三年）　61
ルイ・ヴィトンに見た夢

第三章　**おばさんとルイ・ヴィトン**……橋本隆之（経済学部四年）　83
もはや見栄ではない

第四章　**男子学生とルイ・ヴィトン**……川崎智光（経済学部三年）　107
届かないけどちょっと気になる

第五章　ブランドにいかにして染まるか……野崎景子（教養学部三年）121
親愛なるルイ・ヴィトン　私はこうして貴方の虜になった
第六章　謎のルイ・ヴィトン・コミュニティ……浅野玲子（法学部四年）137
ヴィトンの秘密・日本人の秘密
第七章　ルイ・ヴィトン エモーショナルデザイン……中村慎太郎（経済学部三年）175
モノグラムは永遠に進化する
第八章　ルイ・ヴィトンのコミュニケーション戦略……山田　聰（法学部三年）205
神話と夢のキャッチボール
第九章　ブランドとは……後藤洋平（工学部三年）253
お守り、こだわり、オンリーワン！
終　章　徹底討論（堺屋太一と東京大学堺屋ゼミ生）……報告　村松大地（経済学部三年）275
どうして売れる ルイ・ヴィトン
著者紹介……340

どうして売れる　ルイ・ヴィトン

装幀　三村　淳

序章

奇跡のブランド　ルイ・ヴィトン

堺屋太一

二五〇〇万個の高級品

一・高級感と大量販売の両立

今、日本には「ルイ・ヴィトン」の製品が二五〇〇万個以上存在するという。国民の数で割ると五人に一つ、成人女性なら二人に一つの割合で普及しているとさえいわれている。

実際、どこへ行ってもＬＶマークのルイ・ヴィトンを見る。新幹線では一両に五個、六本木や明治神宮、表参道なら一〇〇メートルに一〇個ぐらいはある。女子大のキャンパスでも、ルイ・ヴィトンは珍しい存在ではない。

比較的若い女性の多い女子プロレス興行でも、後楽園ホールなら女性客の中にはルイ・ヴィトンを持つ人は結構多い。オペラの一等席からプロレス会場にまでルイ・ヴィトンは存在する。

東京だけではない。大阪の御堂筋《みどうすじ》や梅田界隈での比較も六本木や原宿に劣らない。「普及度」はほぼ全国的だろう。

これほど大量に、いろいろな年齢・地域・職業・趣味の人々に、ルイ・ヴィトンは愛用されているのである。

その一方、ルイ・ヴィトンのイメージを尋ねられた人は一様に「高級」という点を挙げた。東大生がインタビューした女子大生は早い人では高校、たいていは大学に入ってはじめてルイ・ヴィトンを持つが、その際にはみな一様に「高級品を持った」という意識になっている。

また、ほとんどの人は「ルイ・ヴィトンならどこへ持っていっても恥ずかしくない」とも考えている。

「ブランドは希少性のゆえに格別の価値がある」という説は、昔も今も有力だが、ルイ・ヴィトンの現実はそれを打ち破るものだ。

高級感と大量販売とを両立させている点で、「ルイ・ヴィトン」には知価社会における知恵の値打ち（知価）の創造と維持と管理の秘密が存在するのではないか、と考えられる。東京大学先端科学技術研究センター堺屋太一ゼミナールが「ルイ・ヴィトンの研究」をテーマに取り上げたのは、以上のような観点からである。

二、「ブランド」の3つの種類

「ブランド」とひと言でいう。語源は放牧した牛に付けた焼き印、どの牛が誰のものかを特定するための印、いわば「名入れ」である。ブランドに関しては様々な見方と定義がある。このためブランドについての議論はしばしば噛みあわなくなる。世に出ているブランドに関する書物や研究所、役所の発表なども、様々な観点から異なる定義と対象を論じている。

そこでまず、「ブランドとは何か」をまとめておこう。ブランドには三種類がある。以下の通りだ。

(1) 伝統ブランド

原材料や技術に長い伝統があり、代々それが受け継がれて厳しい原材料選びや技術訓練が行われていると信じられている、家系や集団、地域などの名称(商標)。時には独特のデザインや手法が守られていることもある。例えば西陣織、九谷焼、ボヘミアン・グラス、ゾーリンゲン刃物、柿右衛門や今右衛門の陶磁器などがそれである。最も古いブランドの形態であり、二十世紀前半(第二次世界大戦)まではブランドといえばこれを指した。

(2) 大量生産ブランド

大企業や国公営企業が規格大量生産する、知名度の高い商品の名称や商標。今日、欧米のブランド研究所や日本の経済産業省が発表する「企業ブランド価値」はこれである。

二十世紀になってから一般化した規格大量生産方式は、一定の原材料を決まった加工工程で商品化するため、品質機能は均一化する。これに、覚え易くかつ個性的（類似のない）名称（商標）を付与し、大量かつ継続的な広告宣伝や多店舗販売によって知名度を高めたものが「大量生産ブランド」といえる。

消費者の側から見ると、知名の商品であるがゆえに価格も一定（どこで買ってもほぼ同じ）であり、品質も期待通りと考えることができる。消耗品なら同名同種の商品の購買使用経験のある消費者も多い。

大量生産ブランドの効用は次の三点である。

①消費者に価格と品質が知られているため、「安心して買える」。
②前にも買い使った商品への「なじみがある」。つまり、リピート客の累積効果もある。
③同種の名称やデザインによって、他の商品も売り易い。いわば「あやかり商法」ができる。

これを市場経済学的にいえば、「意思決定のコストの低減」ということになるだろう。消費者がある商品を購買する場合には三つの負担がある。一つ目は、買いのための手間である。二つ目は、支払う代金である。三つ目が、これにしようと決める決断の辛さである。この中で三つ目のものを「意思決定のコスト」という。大量生産ブランドは「よく知っている」「価格も品質も一定だから安心だ」「前にも使った。みんな持っている」等々の理由で意思決定のコストを引き下げる効果がある。

この結果、「少々価格が高いとしても（大量生産）ブランド品は売れる」という「のれん効果」が生じるわけだ。その意味でこれは「計量化可能なブランド価値」といえるだろう。

このような例として、経済産業省モデルを用いて算出したブランド価値評価額ランキングや、イギリスのインターブランド社が発表するブランドランキング（左頁）では、ソニーやトヨタ、コカ・コーラなどが上位に並ぶ。どなたもご存知の企業または商品である。

（3）知価ブランド

特殊なデザインや品質、イメージを醸し出すことで、社会的に高級定評を確立し、特別

ブランド価値評価額ランキング

1	ソニー	11	富士写真フイルム
2	トヨタ自動車	12	ソフトバンク
3	松下電器産業	13	大正製薬
4	本田技研工業	14	ベネッセコーポレーション
5	花王	15	日本電信電話
6	日産自動車	16	キリンビール
7	資生堂	17	東芝
8	キヤノン	18	アサヒビール
9	セブン-イレブン・ジャパン	19	ブリヂストン
10	任天堂	20	日立製作所

出典：知的資産評価研究所調べ　2002年
（経済産業省ブランド価値評価モデルによる試算）

ブランド・オブ・ザ・イヤー

1	Google	11	Virgin
2	アップルコンピュータ	12	BMW
3	BMW社の『ミニ』	13	Absolut
4	コカ・コーラ	14	アルジャジーラ
5	サムスン	15	フォルクスワーゲン
6	イケア	16	eBay
7	ノキア	17	Puma
8	ナイキ	18	LG Electronics
9	ソニー	19	Red Bull
10	スターバックス	20	マツダ

出典：英　インターブランド社調べ　2003年

に高額な価格で一般的かつ継続的に販売されている商品の名称や商標。

伝統ブランドとは異なって必ずしも「古くから」とは限らない。また、大量生産ブランドのように大量に販売することで「安心できる商品」「いつもの品」でもない。さりとて芸術作品や骨董品のように「ただ一品、再現不能」というものでもない。さらに一回のイベントで一人のタレントによって価値づけられた「時間場所限定の記念品——イベント・グッズ」でもない。要するに、知価ブランドはそのブランドの商品が、

①特定なデザイン、品質、販売ルートや価格を持つことで、他の同種同機能の商品とは異なるイメージを社会的に確立している。（主観性）
②販売の目的で組織によって継続的に製造され、他の同種商品よりも高い安定した価格で販売されている。（企業性）
③特定のイベントやタレント、または人間関係で記念性に依存するのではなく、社会的に流通するものとして一定の安定した知価が認められている。（社会性）

の三つを持っている。
こうしたブランド価値が出現したのは、二十世紀の後半、特に一九八〇年代に知価革命

が本格化しはじめてからである。

三、知価ブランドの登場

愛着の持てない大量生産品

今日、ブランドといえばルイ・ヴィトンをはじめ、エルメス、カルティエ、グッチ、プラダ、ダンヒルなどのファッション・ブランドを思い浮かべる人が多いだろう。西陣織やボヘミアン・グラス、九谷焼などの伝統ブランドを挙げる人はまずいないし、マクドナルドなどの大量生産ブランドを挙げる人も日本では少ない。ブランドとは前述の定義による知価ブランドを指すようになっているのだ。ところが、この種のブランドが世界的に出現したのはそれほど古いことではない。かつては――一九三〇年代までは――典型的なブランドは伝統ブランドだった。

ところが、二十世紀のはじめから規格大量生産が普及したことで、品質と価格が一定な規格大量生産品が大量に出回り、その商品名や商標が巷にあふれるようになった。規格大量生産品は「安心して買えるいつもの品」だ。つまり商品を日常化することによって、購買の利便を高め、意思決定コストを引き下げたのである。

「日常」とは記憶に残らない日々のことだ。規格大量生産品はどれも同じで記憶に残らない。そのために所有者が規格品に愛着を持つことはない。規格大量生産は、商品の価格を引き下げた点（供給面）ばかりでなく、消費者（所有者）に愛着が湧かないという点でも「使い捨て文化」を促すことになった。「大量生産―大量消費―大量破棄」の巨大な物財循環が出来上がったのである。

近代工業社会では、人類は自らを「より多くの経済的価値の所得を目指す経済人（ホモ・エコノミクス）」と定義し、それを可能にする技術革新と、その極致としての規格大量生産を賞賛し推進してきた。

ところが一九七〇年代から発生した石油危機と公害問題の多発は、これに強い疑問を投げかけた。地球上の資源も環境も有限である。これを多消費するのは正しいことでもカッコいいことでもない、という認識である。

こうした感覚を背景にして、「規格大量生産―使い捨て」の近代工業社会に対する批判が生まれるようになった。その一つが「商品―消費」の「没個性日常化」とは逆の流れ、「個性化非日常化」の主張である。

個性化非日常化の主張

人類には「足りないものを倹約するのは正しいことだ」と考える倫理観と、「豊富なものを沢山使うのはカッコいい」と信じる美意識を育てる「優しい知恵」がある。

一九七〇年代、二度の石油危機によって資源の有限性を悟り、公害問題の多発で地域環境の限界を知った人々は、資源多消費型の「大量生産―大量破棄」の近代文明に疑問を持つようになった。それに乗じて「日常的だから意思決定のコストがかからずに買うことができ、愛着が湧かないから惜しみなく捨てられる」規格品とは逆のもの、「非日常だから買うことで意志を示し、個性的だから長く使える」商品の発想が生まれた。資源多消費ではなく、デザインの創造や広報宣伝に知恵を多用し、買う人もまた、選択と決断に知恵と感覚と意志が必要な知価ブランドである。

従ってこれは大量生産ブランドとは対極にある。同時に、「伝統に従って高級と見なされる」伝統ブランドとも異なっている。

例えば、エルメスは、初代のティエリ・エルメス以来、一六〇年余りの伝統を誇る古い企業だが、第一次世界大戦までは馬具屋だった。それも第一次大戦後は馬具で養った皮革縫製《ほうせい》の技術「クウジュ・セリエ」（縫い目を見せ、切り口を蜜蠟《みつろう》で固める）を活用して、独特のハンドバッグや革ジャンパーを作り出した。ここまでは伝統の技術と名声を活かした「伝統ブランド」である。そのエルメスが一九三七年に絹のスカーフを発表したのは、四代目社長となる娘婿のロベール・デュマ・エルメスがたまたま画家志望だったことからデザインしただけである。一九四八年までエルメス社は木版プリントを使用しており、シルク・スクリーンの技法さえ知らなかった。

エルメス社が伝統的な皮革技術から離れて、スカーフやネクタイの分野でブランドを確立するのは、一九七八年、ジャン・ルイ・デュマ・エルメスが五代目社長に就任してからである。エルメス社はこのとき、皮革技術の伝統ブランドから、イメージとデザインが主導する知価ブランドに変身したといってよい。

それはちょうど、クリスチャン・ディオールやピエール・カルダン、イヴ・サンローランなどのデザイナー・ブランドが、企業化した知価ブランドになる時期でもあった。

知価ブランドの特色

さて、知価社会の特色の一つである知価ブランドとはどのようなものか。その特色には以下の三つがある。

（1）デザイン主導によってイメージを高め、高価格化する。

（2）消費市場の関連によって商品商域を設定する。

（3）広告、販売戦略の限定によって、ブランド価値を維持する。

（1）デザイン＝イメージ主導

知価ブランドの第一の特色は、そのデザインや商標の独特さにある。この点、技術・機能主導型の大量生産ブランドとは大いに異なる。もちろん知価ブランド商品は品質良好であり、耐久性にも優れている。多くの知価ブランドは原材料から加工技術まで精選されており、検査工程も厳格を極めている。しかし、それ以上に、（時にはその生産コストの何倍も）高価である。それは、それぞれが独特のデザイン哲学と目立つ商標をつけることで、そのステータスを見せびらかすイメージ戦略のせいである。

伝統ブランド製品も品質の点では同じ努力をしているが、加工技術依存でデザインや商標を目立たせる哲学に欠けていた。このため、消費者が自らの選択と趣向を表示することで知恵消費的生活を顕示しようとする知価社会では、衰退をまぬがれないようになっている。

（2）消費市場内での多角化

知価ブランドの第二の特色は、一定の消費市場（顧客層）を囲い込み、その消費市場における商品群を拡大することで、自己イメージの増殖と経営の拡大をはかることである。

エルメスは、馬具から革製品のハンドバッグや皮革衣料に拡大した結果、富裕層に市場を持ち得た。この消費層を対象にスカーフやネクタイなどの絹製品に営業品目を拡大、スーツや陶磁器にまで商品を拡大したのは前述の通りである。これは、技術・原材料関連で経営を多角化してきた近代工業型企業と鮮やかな対照をなすところである。

同じことは皮革から出発したグッチ、喫煙具からはじまったダンヒル、ファッションから出たクリスチャン・ディオール、ゴルフ用品から拡まったアーノルド・パーマーなどにも見られる。最近ではダイムラー・クライスラー社が、自動車のイメージを利用して高級自転車を発売しているし、筆記用具のモンブランが事務用のカバンなども発売している。

これからは企業イメージや商標イメージを利用して、囲い込んだ顧客層に様々な商品を販売する企業はますます増えるだろう。

(3) 広告・販売戦略

知価ブランドに共通している点は、イメージを高く保つための広告宣伝と、販売ルートや価格維持の戦略が徹底している点である。

もともとデザインとイメージという社会主観に依存する知価ブランドは、イメージを高めることが基本である。このために性急に販売量を増やさず、特定の層に狙いを絞った広告戦略を立てる。この点、膨大な販売量を誇るルイ・ヴィトンでも、テレビ広告はせず、もっぱら読者層の限定された雑誌広告に重点を置いている。その点でも、知名度を優先して日常性を訴える大量生産ブランドとは対照的である。

知価ブランドにとって広告戦略と並んで重要なのは、販売ルートと価格帯の設定である。各ブランドメーカーは販売ルートを限定し、独自のイメージの出店を展開する。この戦略は当初（一九八〇年代）には、日本でも欧米でも流通大手の百貨店やスーパーチェーンと衝突した。流通側は店舗の運営上、商品別の展示販売にこだわったのに対して、ブランド側は自社ブランドを集中した店舗展開を要求したからである。

例えば、百貨店はネクタイ売場、カバン売場、スカーフ売場（婦人用・装身具）などにまとめていた。これでは消費市場関連で拡大する知価ブランドの商品は分散されてしまうため、自社イメージを強固に守ることはできない。この間のせめぎ合いは、九〇年代に入って知価ブランドが客引き商品として百貨店の目玉店舗になることによって解決した。

この点でも、商品別の販売ルートに従った伝統ブランドや大量生産ブランドとは戦略を異にする。知価ブランドは商品それ自体の機能よりも、持つことによる満足感を売る商品なのである。

四　ルイ・ヴィトン ――「中庸の妙」または「気軽なプライド」

以上のようなブランド研究から考えると、「ルイ・ヴィトン」という巨大ブランドはどのような存在か、様々な疑問が生まれてくる。

ルイ・ヴィトンは第一章で述べているように、一八五四年、ペリー提督の率いる「黒船」が現れたころから続く伝統ある旅行カバンメーカーであり、その伝統を固く守っている。この点では伝統ブランド企業のように見える。

また、その製品は日本だけで二五〇〇万個以上存在し、全世界の売り上げは日本の三倍以上にもなるという。この数はトヨタの自動車やソニーの電気製品に匹敵するだろう。その点を見ると、ルイ・ヴィトンは大量生産ブランドともいえる。

しかし、最も重要な点で、ルイ・ヴィトンはやっぱり知価ブランドとしての特性を持っている。デザイン・イメージ主導と広告販売戦略である。ルイ・ヴィトンの価値はデザインとイメージという社会的主観に支えられており、広告販売戦略においては価格維持戦略を最重要視している。

（1）伝統を活かした知価ブランド――一貫した哲学と可変的な戦略

ルイ・ヴィトンは、一八五四年に初代のルイ・ヴィトンが世界初の旅行カバン専門店を創業して以来、衣装を旅先に持ち運ぶための容器（木箱）の製造販売を専門としてきた。フランスではナポレオン三世の第二帝政がはじまったばかりで、拡大主義改革のもと、汽車と汽船の旅が急増していた。衣装ケースをはじめとする旅行用カバンの需要が伸び出していたころである。以来ルイ・ヴィトンは「ものを包む道具」にこだわり、様々なデザインと形状と機能の製品を製造販売してきた。この経緯は伝統ブランドのそれである。ルイ・ヴィトンの商品哲学は、今も昔も「旅」である。

「旅」の手段が汽船汽車から自動車と飛行機に変わったことは、「旅」の形をも一変させた。移動は短時間となり、荷物は小型化した。移動する乗り物の中で衣装を替えパーティーを開くことはまずしない。旅行用のカバンは小型化した。このため、ルイ・ヴィトンの商品は「旅」から「街」へと拡がり、やがてそれが主流となる。それでもルイ・ヴィトンはモノグラムの柄を続けたことが、独特のイメージを生み出したといえるだろう。

旅行用のカバンから街の持ち物に変わったことで、ルイ・ヴィトンは伝統ブランドから知価ブランドに飛躍したのではないだろうか。

一方、一九七〇年代からルイ・ヴィトンの売り上げは急増、日本をはじめとして欧米各国で大量に販売されるようになった。ここで、ルイ・ヴィトンは大企業化し、大量生産ブランドに変身する道もあった。世界各国でライセンス生産を行い、大量販売チェーンに乗せればそうなり得たであろう。

だが、ルイ・ヴィトンはそれを選ばなかった。売上高の増大よりも、イメージと価格の維持を選んだ。当時はまだ家業的性格が強かったからかもしれない。

この結果、ルイ・ヴィトンは伝統を活かした知価ブランドとして大量に販売される、三つのブランドの中間的な位置に付いたわけである。

これは決して簡単な位置ではなかったであろう。これを保つことができたのは、伝統に革新性を加えた勇気と英知、そしてイメージを維持し続けた戦略的巧妙さのゆえであろう。

私がルイ・ヴィトンを「奇跡のブランド」と呼ぶ所以である。

(2)「プラダの上、エルメスの前」というポジション

ルイ・ヴィトンの成功の第二の要素は、その販売市場のポジショニングの良さである。

東大生たちのインタビューに応じた女性たちの多くは、ルイ・ヴィトンを「プラダよりも上」と考えている。プラダは一〇代からはじまる若い女性向けのブランドだが、ルイ・

ヴィトンはもう少し上、大学に入ってから持つもの、という者が多かった。

その一方で、ルイ・ヴィトンを持ち歩く多くの女性が「エルメスには手が届かない」とも言っている。エルメスは価格が高いだけではなく「お金持ちの中年女性」のイメージがあるのだろう。エルメスのヒット商品「ケリーバッグ」の名は、モナコ大公と結婚した女優のグレース・ケリーが妊娠中、バッグでお腹を隠したことに由来している。つまり、ルイ・ヴィトンを持つ女子大生の多くが「エルメスを持つにはまだ早い」と考えているのである。ルイ・ヴィトンとエルメスの関係は上下ではなく、前後といえる。

この、「プラダより上、エルメスの前」というポジションこそ、中流意識をくすぐるものだ。ルイ・ヴィトンが特に日本で大量に売れているのは、日本人の八割が自らを「中流」と考えていることと深く関わっているだろう。全世界的に中流意識を持つサラリーマン世帯が増加すれば、ルイ・ヴィトンの市場はさらに拡がるに違いない。

（3）不滅のモノグラム
もう一つ、ルイ・ヴィトンの成功には、褐色にＬＶマークを付したモノグラムのデザインを守り通してきたことが挙げられる。

これほど目立つデザインはない。そのことが持つ者に誇りを感じさせるとともに、持つ者自身が宣伝媒体ともなる。「みんな持っている」という日常感と「目立つデザイン」という非日常性。それに品質が良好で丈夫で長持ちする（従って、どこにでも持っていける）という信頼とがあいまって、「とにかく、ヴィトンなら」という「気軽なプライド」を生み出すのであろう。

その一方、ルイ・ヴィトンはいくつかの新柄を発表する。この売り上げは大きくないが、伝統墨守のイメージを破る効果は大きい。そのために、ルイ・ヴィトンの新柄は販売数量よりも革新性を訴える斬新さに重点が置かれているように見える。いわば、モノグラムという「不滅のうどん」に加えられた「薬味」の効果を果たしているのである。この配剤の妙もまた、ルイ・ヴィトンの成功を生んだ一つの要素だろう。

要するに、ルイ・ヴィトンというブランドは、いくつもの要素の中庸に位置することで、最良の結果を実現することに成功しているのである。

第一章

ルイ・ヴィトンの歴史

一五〇年の約束と裏切り

梅岡陽子（法学部四年）

一・伝統と革新

ルイ・ヴィトンはなぜこうも多くの人を惹きつけるのか。

一九九七年からルイ・ヴィトンのデザイナーに起用されたマーク・ジェイコブスはこう語っている。

「ルイ・ヴィトンの歴史は自分にとってアイディアの宝庫だ」

この言葉がルイ・ヴィトンの強さを物語っているように思う。ルイ・ヴィトンは、歴史が革新を生み出し、革新の積み重ねが歴史となってきた。

しかし、その歴史は多くの人が想像するようなただの華やかで平坦な道ではなかった。一見すると、華麗な旅のように思われる歴史も、その時々で色々な試練や逆風にさらされてきたのである。

以下、一八五四年の創業から二十一世紀を迎えた現在までのルイ・ヴィトンの歩みをたどり、その成長の秘密を解き明かしたい。

ルイ・ヴィトンの創成期

二・贋物との闘い

ルイ・ヴィトンの歴史は一八五四年にはじまった。日米和親条約が結ばれ、日本が鎖国を解いた年である。この年、初代ルイ・ヴィトンがパリのカプシーヌ通りに自分の店を構え、自作のトランクを発表した。

初代ルイ・ヴィトンは一八二一年、数軒の家しかないジュラ山脈のふもとの村、アンシェイで生まれた。母親が早くに亡くなり、父親の再婚相手である義母や連れ子と折り合いが悪かったため、あまり幸せな子供時代とはいえなかったようだ。

そのためか、一四歳になったルイ・ヴィトンは家出をし、パリを目指した。しかしお金を持っていなかった彼は馬車など乗れるはずもなく、徒歩でパリに向かうことになった。結局、彼がパリに着いたのは一年以上も後のことだった。

パリに着いたルイ・ヴィトンは「荷造り用木箱製造兼荷造り職人」に弟子入りし、そこで木箱作りの技術を磨いていくことになる。

さて、人気職人であったルイ・ヴィトンが独立して構えた店は、創業直後から着実に人気を集めていった。折しも、婦人のドレスがどんどん豪華になっている時期であり、長く、かさがあり、飾りの多いドレスを扱うには専門家の手が必要だったのである。

創業から三年後には、注文の増加に対処するため、別の通りにトランク製造の仕事場を設けなければならなかったほどであった。さらに二年後の一八五九年には、パリ郊外のアニエールに、トランク製造工場を新たに建設するまでになった。

また、注文の増加よりも、如実にルイ・ヴィトンの当時の人気を示していたものがあった。贋作《がんさく》の氾濫である。

まず、創業時に発表した「グリ・トリアノン」と呼ばれるグレーの布地を使って作られたトランクの贋物が、多く出回って問題となった。これに対応するため、創業から一八年後の一八七二年に、ルイ・ヴィトンは新作を発表する。新しいトランクは、小粋な赤い細《ほそ》縞《じま》柄の布地「トアル・レイエ」と名付けられており、これも人気を集めた。その証拠に、すぐに贋作が現れ、ルイ・ヴィトンはまた新作を考えはじめなければならなくなった。

一八七六年発表の新作は、シックなベージュと茶色の縞模様のトランクで、大規模な改良が施されていた。まず、トランクの角を守るために付けられた接合部の金属を革に替え、衣類を機能的に整理する仕切り箱を取り外し可能にし、しかも布張りの底を保護するようにした。蓋には詰め物を入れて菱形に刺し縫いを施し、テープが交差する部分には、全部金メッキした小さな釘を止めた。まさに細心の注意が払われた最高級トランクが誕生したのである。

さらにそれから一二年後の一八八八年、「トアル・レイエ」の模倣が問題になり、ルイ・ヴィトンは新作を発表する。ベージュ地に褐色の小さな格子柄の生地は「トアル・ダミエ」と呼ばれ、今日も愛されているダミエ柄のはじまりであった。このときはじめて製品に「登録商標ルイ・ヴィトン」の文字も入れられた。

しかし、その八年後の一八九六年にはまたも贋物に悩まされてしまう。ダミエの贋物が出回ったために、二代目当主ジョルジュ・ヴィトンは偽造の訴えを起こしたのだが、煩雑な訴訟手続きに混乱して相手を勝訴させてしまったのだ。

そこでジョルジュ・ヴィトンは裁判に訴えるのをやめて新作の考案にとりかかる。何週間もかけて考案されたデザインは「四枚の花弁を囲む円、四つの星を囲む曲線菱形、真ん中に点のある星を使ったモチーフ」で「栗色の地にベージュでデザイン」されていた。それに加えて、父ルイの思い出としてLVを組み合わせたイニシャルを入れた。モノグラムの誕生である。このデザインは当時の人々にとって非常に革命的で、すぐに評判になった。もちろん登録商標も完全になされた。

さらにジョルジュは、外側を革で仕上げたスーツケース、金の栓が付いたクリスタルの

創業当時のトランク「グリ・トリアノン」

初代ルイ・ヴィトン

細縞柄が特徴的な「トアル・レイエ」

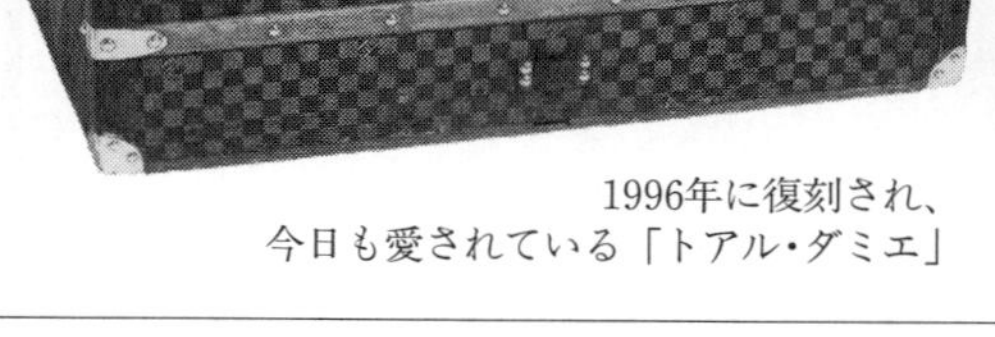

1996年に復刻され、
今日も愛されている「トアル・ダミエ」

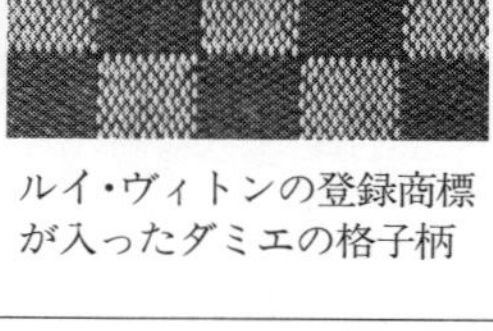

ルイ・ヴィトンの登録商標
が入ったダミエの格子柄

二代目ジョルジュ・ヴィトン

モノグラムの下絵。花と星と初代ルイ・ヴィトンのイニシャル「LV」がモチーフに用いられた

モノグラムのトランク

パリ郊外のアニエール工場での製作風景。写真は19世紀末当時の様子

瓶や、黒檀《こくたん》、象牙《ぞうげ》、鼈甲《べっこう》製の櫛《くし》が付いている様々な種類の化粧ケースも作りはじめた。

ルイ・ヴィトンの人気を支えている多様な商品と高度な特殊技術は、今も終わることのない贋物との闘い、裏を返せば鮮やかに贋物を追い詰めて行く過程の中で進化してきたのだ。

三.華やかな顧客たち

ルイ・ヴィトンといえば現在も多くの華やかな顧客に愛されているが、創業初期からその顧客リストには錚々《そうそう》たるメンバーが連なっていた。

創業から三〇年ちょっとで数々の万国博覧会で賞を受賞したルイ・ヴィトンの名声は海外にまでとどろき、一八七八年にスペインのアルフォンソ十二世、一八八五年にはイスタンブールのサルタン、アブドゥル・ハミド二世から特別注文を受けるまでになる。

アブドゥル・ハミド二世が注文したのは、衣類用に大きな引き出しが三つと、固定されたコンパートメントの付いたトランクだった。トランクの内側には金色の飾り紐が付いた薔薇色の生地が張られ、蓋には詰め物入りのサテンが張られるという極めて豪華な作りになっていた。

一九二〇年にはモテコ三室よりトレー付きトランク二個の注文を受けた。

そしてその翌年には当時皇太子（裕仁皇太子）であられた昭和天皇がパリを訪問され、ルイ・ヴィトンのシャンゼリゼ店を訪ねられた。その年の三月から九月にかけて、殿下は各国で熱狂的な歓迎を受けられていたのだ。第一次世界大戦の三年後で、連合国と同盟を組んで東洋でドイツと戦った日本への好意と関心が絶頂にあるときだった。殿下は欧州旅行の途中、ミルラン大統領に菊花大綬章を贈るためにパリに立ち寄られたのである。これを機会に、シャンゼリゼ七〇番地のショーウィンドウには日本の鳥居の複製が飾られた。

一九二一年六月一日の夜、おしのびでシャンゼリゼを散策された殿下はこの鳥居の前で立ち止まられ、護衛のものを連れてルイ・ヴィトンの店に入られた。殿下は化粧用品付きトランクの《インペリアル》をはじめ、ゆっくりと幾つかのトランクをご覧になったという。この《インペリアル》の側面は、髪用ブラシ二本、洋服用ブラシ一本、帽子用ブラシ一本、大瓶二本、中瓶一本、歯ブラシ入れ一個、歯磨き入れ一個、石鹸箱一個、立て鏡一個、櫛一本、小刃物置皿一枚が付いているという充実した作りになっていた。翌日、宮廷の高官が自分用に《インペリアル》を買いに店に戻ってきたが、結局、それと同じ化粧用品が付いていて、しかも中央に衣類を入れる空間のあるスーツケース《ドーヴィル》を買って帰っていったというエピソードも残っている。

一九二七年には、颯爽《さっそう》とした客がルイ・ヴィトンのシャンゼリゼ通りの店に現れた。ニューヨーク・パリ間、初の大西洋の単独無着陸飛行に成功した英雄リンドバーグである。パリ到着の数日後、リンドバーグはルイ・ヴィトンの店に立ち寄り、自分が貰った贈り物を入れるためのスーツケースを二つ買って、ニューヨークに帰る船に乗ったのだった。

この年にはカシミールの大王より、彼の生まれて三ヵ月の幼い息子のための鞄製品の特別注文を受ける、ということもあった。注文を受けてルイ・ヴィトンが作ったものは、髪用の櫛とブラシが二本ずつ入る小さな洗面用具ケース、銀製のスプーン、粥用のソースパンのケース、そして幼い王子用の枕や絹のシーツを入れる小トランク、という溜め息の出るような贅沢なものだった。

当時カンヌに滞在していた大王の注文は細かく、わざわざカンヌまで出向いたデザイナーが苦労したというエピソードもある。このとき大王は宝石箱の作製も依頼しているが、「これに合うように」と自分の宝石や勲章をカンヌでデザイナーに渡したため、パリに帰るまでこのデザイナーは持たされた宝石を盗まれるのを恐れて食堂車にも行けず、列車のコンパートメントで縮こまるしかなかった、というVIP客ならではの面白いエピソードも伝えられている。

他にも、一九三〇年の秋には蛇革の贅沢な化粧ケースがピアノの巨匠、パデレフスキーに納められるということもあった。

こうした一流の顧客たちが、ルイ・ヴィトンの名声を高めるのに一役かったことは間違いないだろう。彼らはルイ・ヴィトンの製品の品質を認め、また、ルイ・ヴィトンのトランクとともに出かけるという憧れの旅のスタイルを提示したのである。

四．時代を読む力

このように、創業当時から超一流の顧客を抱えてきたルイ・ヴィトンではあったが、時は激動する十九世紀末から二十世紀という時代であった。ルイ・ヴィトンに一流の対応力がなかったなら時代の波にのみこまれてしまっていただろう。

ルイ・ヴィトンが経験したはじめての時代の転換は、交通機関の発達だった。それまで人々の移動は馬車だったが、一八八三年に二つの出来事があった。一つはパリとコンスタンチノープル（現在のイスタンブール）を結ぶオリエント急行の開通であり、新たな観光客が生まれた。もう一つはあまり人々に知られていなかったが、内燃《ないねん》機関で動く自動車がはじめて走ったことである。

この五年後には、カール・ベンツとゴットリープ・ダイムラーが自動車の商品化を競っていた。このころ、こうした動きは人々の注意をそれほど喚起したわけではなかったが、ルイ・ヴィトンの二代目当主、ジョルジュ・ヴィトンは大きな興味を寄せていた。一八九四年にはパリ・ルーアン間の世界初の自動車レースを自ら見に行っている。

ジョルジュは、自動車が遠からず欠くことのできない交通手段になるであろうと考え、いち早く、《自動車用トランク》を発表した。この《自動車用トランク》は、雨や道路にまき起こる埃からドライバーの持ち物を保護するために、特に防水性と防塵性の高いものになっていた。一八九七年のことである。

それから一〇年後には、新型の自動車用トランクが発表された。ジョルジュは車の進化を注意深く観察しており、旅ができるような車が発表されてきていることに注目した。彼は汽車や船の旅に通常持っていくものは車にも積めなければならない、という信念で、車の荷物台に置いたり、屋根にのせたりすることのできる（当時の車の屋根には柵がついていた）自動車用トランクを発表した。また、タイヤの交換やメンテナンスが当時車に乗る人々の気苦労であったことにも着目し、運転手の衣類を入れる円形のバッグと交換タイヤを入れる《ドライバーズ・バッグ》も考案した。これらの《自動車用トランク》は大人気で、一九〇八年のロンドン万国博覧会のモーターショーでは、主な自動車や車体のメーカーの全てがルイ・ヴィトンのトランクやバッグを装備していた。

飛行機も登場した。一九〇八年にはパリで第一回航空ショーが開催される。この新しい乗り物に対してヴィトン家は強い関心を示した。翌年にはジョルジュ・ヴィトンの双子の息子、ジャンとピエールが二〇歳の若さでヘリコプターを試作、航空ショーに出展したほどだった。

第一次世界大戦前から飛行機用トランクを考案していたジョルジュ・ヴィトンと三代目ガストン・ルイ・ヴィトンは、一九一九年についに飛行機用トランクを発表する。そのうちの一つ《アヴィエット》がショーウィンドウに飾られると、人々はうっとりと眺めていたという。この革新的かつ贅沢なトランクの中にあるコンパートメントには、洋服二着、オーバー一着、ズボン三枚、ベスト三着、ワイシャツ一〇枚、寝間着三枚、靴下六足、ハンカチ一〇枚、靴一足、帽子二個、カラー一八個、その他ネクタイ、手袋などを整理して収めることができた。しかもこれだけのものを詰め込んでもトランクの重さは二八キログラムにしかならなかったといい、当時としては驚異的と思われる。こうしてルイ・ヴィトンはついに飛行機をも制したのであった。

このようにルイ・ヴィトンは、大きな時代の波に乗り続けた。それはヴィトン家の人々が共通して持つ飽くなき好奇心によるところが大きいだろう。

自動車が世に出れば自動車レースに赴いたり、自らヘリコプターを造ったり、映画が上映されるようになればいち早く観に行ったり……といった当時のヴィトン家の人々の生活についての記述を読むと、ルイ・ヴィトンが常に時代の最先端にいるのも必然のように思われるのである。

五．世界へ　～ルイ・ヴィトンの積極的拡大

ルイ・ヴィトンの記念すべき外国進出一号店は、一八八五年のロンドンのオックスフォード・ストリート店であった。しかしこれは、戦略的な出店というよりは必要に迫られての出店だった。というのも「ルイ・ヴィトンの成功を妬んだ」イギリス人が、トアル地のトランクに対抗して、ボール紙を芯にしたソール・レザー張りのトランクを発表したのである。

二代目ジョルジュは早速イギリスに反撃しに行くことを決め、父親ルイの許可を得て、一八八五年一月、ロンドンの中心地であるオックスフォード・ストリート二八九番地に、ルイ・ヴィトンの直営店を開いた。この開店は、ショーウィンドウの飾り付けがフランス国旗を中心とした挑発的なまでに目立つものであったため、多くの市民を引き寄せた。

一八九八年には、アメリカの高級旅行用品店と代理店の契約を結んでアメリカ進出を果

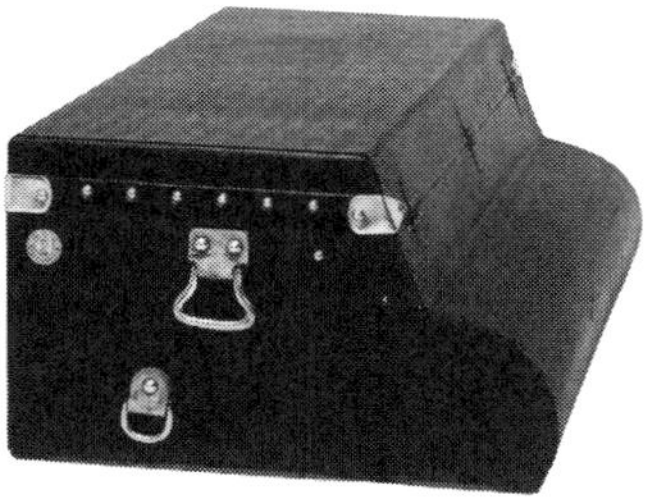

防水性と防塵性に優れた「自動車用トランク」

三代目ガストン・ルイ・ヴィトン

「自動車用トランク」を積んだ車

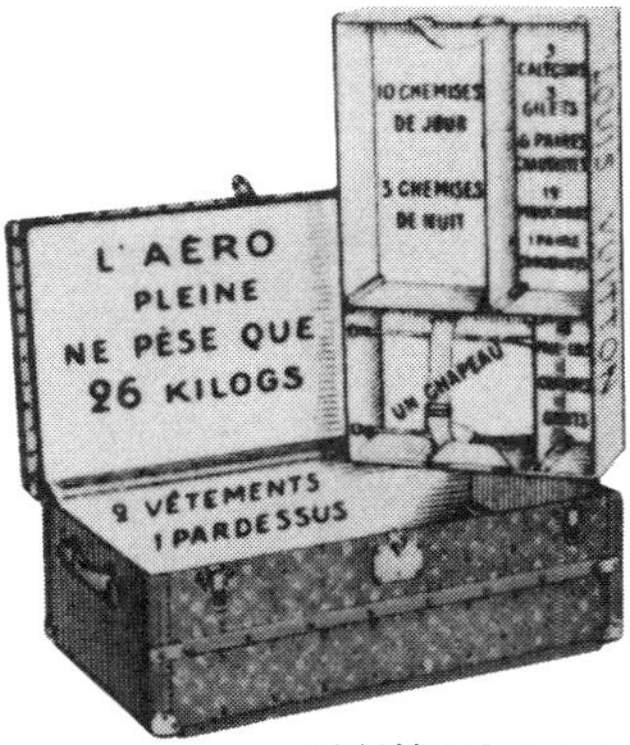

飛行機用トランク
「アヴィエット」

航空ショーに出展された
ヴィトン三世号

たす。それは、代理店がニューヨークとフィラデルフィアでルイ・ヴィトンのトランクを展示し、販売するというものだった。この二つの代理店は華々しい成功を収め、五年後にはボストンにも代理店ができた。

それに続いて、シカゴ、サンフランシスコにも代理店が置かれ、アメリカの富豪たちがルイ・ヴィトンのトランクを持つようになってきた。その後、アルゼンチンのブエノスアイレス店、ベルギーのブリュッセル店、カナダのモントリオール店と続き、一九一一年にはついにエジプトのアレキサンドリア代理店でアフリカ進出を果たす。

このとき、開店のためにかなりの量の在庫をエジプトに送らなければならなかったが、折しもパリは、ルーブル美術館の『モナリザ』が盗まれたという『モナリザ』盗難事件で大騒ぎ。当時『モナリザ』発見に血まなこになった警察と税関が徹底的に荷物を検査しており、ルイ・ヴィトンのトランクはどこにでも絵を隠すことができたので、荷物を全部解いては造り直すという作業が何度もくりかえされたというエピソードもある。

一九一二年には三つの新しい代理店、ワシントン店、バッファロー店、ボンベイ店が次次開かれるなど、国際的な販売網を広げていった。

この積極的な店舗展開は、ルイ・ヴィトンがブランドとしての強さを増していく大きな原動力になった。

さらなる次元への飛躍　～第二次世界大戦後～

六．逆境を乗り越える

ルイ・ヴィトンがもっとも不穏な空気にさらされたのは第二次世界大戦の時代、ヒットラーの時代だった。一九四〇年にフランスは、国土の約六〇パーセントをドイツの支配下に置かれ、その状態は一九四五年のドイツ降伏まで続いた。

第二次世界大戦により、フランスは荒廃した。戦後の復興はなかなか進まなかった。ルイ・ヴィトンでは生産は再開されたが細々としたもので、販売はままならなかった。海外代理店との契約は戦争中にすべて破棄されてしまっていたという困難もあった。

しかし、一九四九年にフランスで開かれた、戦後第一回ル・マン二四時間耐久レースに後押しされるようにして、一九五〇年にはアニエールの工場からフランス国内三ヵ所の販売拠点へ製品の発送が再開されることになった。

ところで、戦後のパリは観光客で賑わうようになり、古くからのルイ・ヴィトンの顧客たちはその騒々しさに眉をひそめるようになった。こうして、シャンゼリゼ店の周辺の環境悪化に悩んだ三代目ガストン・ルイ・ヴィトンは、ルイ・ヴィトン一〇〇周年にあたる一九五四年にシャンゼリゼ店をたたみ、マルソー大通りに店を開く。彼の読みはあたり、世界中から政界・ショービジネス界の著名人など多くの客が続々とこの店を訪れた。ルイ・ヴィトンの復興は非常に順調であった。

しかしそんなガストン・ルイ・ヴィトンにも悩みがあった。一つは、ルイ・ヴィトンのトランクに欠かせない特別な締め金、南京錠、真鍮《しんちゅう》製のアクセサリーといったものを作っていた小規模な業者たちが大規模企業との競争に敗れて、経営が危うくなってきていたことであった。そしてもう一つは、レジャーの発展・浸透によって、旅行のスタイルが戦前のそれとは大分違ったものになってきていることであった。

大きなトランクの需要もまだまだ大きかったが、ちょっとした週末の小旅行に使えるような小型バッグの需要が高まってきていた。この需要には三〇年前からルイ・ヴィトンのラインに加わっていた《スピーディ》や《キーポル》が応えていたが、ハードな生地に問題があった。

この問題を解決すべく、モノグラムが刷り込まれたソフトバッグという当時の技術では難題であった研究に取り組んでいたガストン・ルイ・ヴィトンは、石油化学系の物質から特殊なコーティング技術を開発することに成功する。こうして一九五九年からソフトバッグが続々と発表され、大成功を収めた。

パリのマルソー通りにあったルイ・ヴィトン店

七、ファミリービジネスからの飛翔

しかし、ソフトバッグの大成功は一方で大量の模造品を生み出した。その中にはロゴタイプを変えただけの粗悪なものから、精巧に作られたもの、革の代わりにプラスティックを使ったもの、ルイ・ヴィトンからトアル地を盗んで作ったという驚愕すべきものまで色色あった。ルイ・ヴィトンでは当時作られていなかった万年筆やライターまで作られた。

贋物はすぐに見分けがついたが、偽造者をつきとめるのは困難を極め、ブランドを守るための訴訟費用は増加の一途をたどった。

そしてこの贋物の氾濫は、四代目アンリ・ルイ・ヴィトンに日本出店を決意させる一つの要因となった。アンリは、贋物はそのほとんどが海外市場向けであったので、贋物が売られている現地で反撃しようと考えたのである。

彼の考えでは、東京出店には二つのメリットがあるように思われた。一つは、模造品とアニエール工場で作られた本物との大きな違いを日本で知ってもらえるということ。もう一つは、美と機能性について鋭い審美眼を持った日本人の増大する要望に応えられるということだった。事実、このころパリのルイ・ヴィトン店では、日本人行列事件や並行輸入業者による正価の四倍もする闇製品、さらにはコピー製品の氾濫が社会問題化していた。

そこでアンリ・ルイ・ヴィトンが相談した相手が、後にルイ・ヴィトン日本支店開設を取り仕切る、現ルイ・ヴィトン ジャパンの代表を務める秦郷次郎であった。秦はこのときコンサルティング会社のルイ・ヴィトン担当者だった。コンサルティング結果の一つ目は、「専門家による経営が必要である」というものだった。顧客の増加はファミリービジネスの限界を超えていた。

これを受けて一九七七年ルイ・ヴィトン・マルティエＳＡ（持ち株会社）が設立され、四代目アンリは会長に退き、専門経営者を外部から招聘《しょうへい》することになった。これにより、ルイ・ヴィトンがファミリービジネスの枠を超えて発展する下地が整った。

八．フランスから日本へ、日本から世界へ

秦は引き続きルイ・ヴィトンの依頼を受け、ルイ・ヴィトン初の日本支店設立に向けた調査や交渉に奔走した。一九七八年にオープンした初の日本ブティックは、髙島屋東京店、サンローゼ赤坂店、西武百貨店渋谷店、西武ＰＩＳＡ大阪ロイヤル店、アン・ロワイヤル阪急一七番街店、大阪髙島屋店の六店舗だった。

これらは全て、店舗や販売スタッフは百貨店および小売店側のものだったが、業務コントロールはルイ・ヴィトンによってなされた。店舗の内装設計からユニフォーム、ショッピング・バッグ、ウィンドウディスプレイまで指定する方針は日本にはそれまで前例がなく、反発も出たが、圧倒的なルイ・ヴィトンの製品力を認める形で契約が成立したのだった。その契約には、バーゲンや値引きの規定などかなり細かい内容も盛りこまれていた。

この手法はルイ・ヴィトンを変えた。この流通革命や直営店方式は後のＬＶＭＨモエヘネシー・ルイ ヴィトンの世界戦略における雛形にもなる。

このような展開の裏には、当時専属社員が一人しかいなかったルイ・ヴィトン ジャパンの努力があった。そもそも開店時、直前まで支店長適任者が決まっていなかった。パリ

本社は、ルイ・ヴィトン日本支店誕生の発表記者会見直前に急遽、秦に「とりあえずの経営代行」を頼むという慌ただしさだった。

代表、代表補佐以外の専属社員が一人というのも、経営コンサルタントで、常に経営効率を意識していた秦代表の工夫だった。今でいうアウトソーシングで、うまく軌道にはのったが、たった一人の社員だった桑原しづ江は激務だった当時をこう振り返る。

「……入社してからは何しろたった一人の社員ですから何でもやることになりました。秘書として入ったのに、経理のことを隣のピート・マーウィックの財務で教わるように言われたり、製品管理で分からないことがあると、当時髙島屋にいてお茶をよくご馳走してくれた大石さんのところに走っていって、内緒で在庫表の作り方を教えてもらったり……」

今でこそ学生の就職人気ランキングの常連であり、販売員の正社員化を完了したルイ・ヴィトン ジャパンだが、初めの一歩はたった一人の専属社員からはじまったのだ。

こうしてはじまったルイ・ヴィトン日本支店に対する当時のメディアの論評は、悲観的で批判的なものが多かった。例えば一九七八年三月三十日号の「週刊新潮」は、「ルイ・ヴィトン日本上陸の反応」と題し否定的な議論を展開している。それによれば「……が、考えてみれば『パリでしか買えない』から妙な付加価値があったのではなかろうか。『いつでも手近なところで買える』となったら、やがて客も飽きるだろうし、価値も半減してしまうに違いない」という。「文藝春秋」一九七九年一月号には北詰由貴子氏の「ルイ・ヴィトンはなぜ高い」という否定的な論稿が寄せられている。

しかしこうした予想を裏切り、ルイ・ヴィトンは爆発的な売り上げを記録し、店頭はいつも品不足の状態になった。西武百貨店渋谷店では開店三日で一ヵ月の売り上げ目標をクリアしたため一週間で在庫が底をつき、高島屋東京店では二ヵ月で一年分の予算を売り上げて、ワンブランドで売り上げ第一位の座を獲得した。

パリの工場が、いきなり増えた六店舗の予想外の受注数に応えることは到底無理な話であり、しかもパリでは「日本では普通の若い女性が高級な鞄を欲しがる」という状況が理解できないこともあって、その後も慎重な生産体制を守り続けた。しかしこの慎重さゆえ、品質は保たれ、日本の女性たちの渇望感も満たされることなく高まっていった。

九．製品ラインの充実化とビジネスの発展

この日本進出は、ルイ・ヴィトンが世界へ活躍の場を広げていくきっかけになった。秦の提示した前述の直営店方式や価格の「変動定価制」などのビジネスモデルは、その後のルイ・ヴィトンの経営戦略の規範ともなった。

順調に売り上げを伸ばしたルイ・ヴィトン社は、一九八四年にパリ証券取引所およびニューヨーク証券取引所に株式を上場し、名実ともに一大企業としての地位を確立した。また、製品ラインにはソフトバッグの充実の後も新しい仲間が加わり続けてきた。一九八五年にはエピ・ラインで大成功。その鮮やかな色に世の女性は息を呑んだ。

一九八七年にはモエ・ヘネシー（ワイン・スピリッツ中心の高級ブランド企業）とルイ・ヴィトンが折半で出資して、ＬＶＭＨモエ ヘネシー・ルイ ヴィトンが誕生した。巨大なコングロマリット（複合企業）ＬＶＭＨは、その後、各ブランドと時には凄まじい軋轢や権力闘争を生みながらも買収を重ねてきた。グッチの買収には失敗したが、現在その傘下にある企業の分野はワイン・スピリッツ類、ファッション、香水、化粧品、ウォッチ・ジュエリー、セレクティブ・リテーリングとラグジュアリー・ブランド・ビジネスなどを網羅し、そのブランド数は五〇を超える。これによりルイ・ヴィトンは、今まで縁がなかったファッションやウォッチなどの新分野に乗り出す土台を手に入れ、ラインの展開は一層の多様化を見せた。

一九九三年には男性向けのタイガ ラインを発表し世界中を驚かせた。男性向けのラインは年々充実しており、ルイ・ヴィトンの鞄を持ったビジネスマンを見かけることも珍しいことではない。

一九九六年にはモノグラム・キャンバス誕生一〇〇周年を記念して、七人のデザイナーとのコラボレーションによる特別製品「モノグラム・セブンデザイナーズ」、ならびにダミエ・キャンバス復刻限定製品を発売した。ダミエは好評を博し、その後、定番ラインとして永遠に復活することとなる。また、製品の多様化にともなって、リペア（修理）サービスも進化した。一九九三年には日本にルイ・ヴィトン初のリペア専門店が設けられた。

またＬＶＭＨの成立により、ルイ・ヴィトンは企業としてもより合理的で利益率の高い会社として、一大帝国の中核として君臨することになった。

一九九八年にはマーク・ジェイコブスが手掛けるレディース＆メンズのプレタポルテとシューズのコレクションが発表された。彼のデザインはルイ・ヴィトンに新たな息吹を吹き込み、世界中で絶賛される。ルイ・ヴィトンはファッション・ビジネスに参入し、モードの扉を開いた。これにより新たな顧客層の獲得やレザーグッズ・ビジネスにもインパクトが加わった。

マーク・ジェイコブス

またこの年にはパリのシャンゼリゼ通りに

初の大型店舗を開いた。マークがデザインしたモノグラム・ヴェルニ ラインが発表されて、爆発的な人気を博したのもこの年である。二〇〇二年には初の本格的なウオッチ・コレクションを発表。また、表参道に大型店舗、多目的ホールを備えた総合ビルを誕生させた。二〇〇三年には日本人アーティスト村上隆氏とのコラボレーションが支持を集め、六本木ヒルズの新店舗が話題を呼んだ。

日本では店舗の充実とともに販売スタッフの接客サービスの向上、正社員化に力点が置かれた。

十．各界との交流の深化

ビジネスが発展するにつれて、ルイ・ヴィトンは、アート、スポーツなど各界との交流も深めてきた。イベントとしての交流もあれば、ルイ・ヴィトンが自然に浸透していく場合もあった。

例えば映画である。映画の世界にもルイ・ヴィトン・ファンは数多い。二十世紀においてもっとも才能溢れる重要な監督の一人、ルキノ・ヴィスコンティもその一人だ。中世に端を発するミラノ公国の領主、ヴィスコンティ家の血をひいていた彼も、実は生涯で四二個のルイ・ヴィトン製品を購入したほどのルイ・ヴィトン愛好者だった。ヴィスコンティの初期の作品、『若者のすべて』の撮影中、まだうら若き主演男優だったアラン・ドロンはこう言ったという。

「さすがに貴族出身の監督は違う。自分のイニシャルを鞄に描かせているのだから」

まだそのころ無知で貧しかったアラン・ドロンは、ルイ・ヴィトンの鞄に入ったイニシャルの「LV」を、ルキノ・ヴィスコンティのイニシャルと勘違いしたのだった。

ヴィスコンティは、彼の作品『イノセント』の演出の際には、二十世紀初頭当時のルイ・ヴィトン製品を揃えることに力を注いだ。

ケーリー・グラントとオードリー・ヘップバーンが共演した『シャレード』でも、ルイ・ヴィトンの鞄が映画のアクセントになっている。フランスに住む富裕でお洒落なアメリカ婦人を演じたヘップバーンが、休暇のスキーから帰り、車から降り立つときに、ルイ・ヴィトンのトランク二つをボーイに運ばせ、自分では中型のモノグラム柄のバッグ（ステイーマー・バッグ）を手に提げて帰ってくるシーンが印象的だ。

最近の映画作品でも、例えばリース・ウィザースプーン主演の『メラニーは行く！』では、南部の田舎出身の主人公がニューヨークでデザイナーとして成功し、婚約して田舎に帰るシーンでのルイ・ヴィトンのトランクが、主人公の状況を暗示していて面白い。

スクリーンの外でも俳優たちとの交流は多い。例えばシャロン・ストーンがいる。シャロン・ストーンは二〇〇〇年にルイ・ヴィトンのヴァニティ・ケースをデザインした。その年のヴェネチア映画祭でお披露目されたそのヴァニティ・ケースは、オークションにかけられ、その収益はすべて米国エイズ研究財団（AmFAR）に寄付された。

スポーツの世界とルイ・ヴィトンの関わりも深い。一九八三年には『アメリカズカップ』の挑戦艇選抜シリーズ『ルイ・ヴィトン カップ』がスタートし、二〇〇三年には第六回目の開催を迎えた。

アートの世界との関わりは創業当初までさかのぼる。本格的なところでは一九八八年、最高級素材の男性用鞄「ノマド」の発売とともに、複数のアーティストとのコラボレーションによって、万年筆やスカーフ、時計やボールペンを発表した。この製品は「創造の旅路」と名づけられ、ルイ・ヴィトンが革新の方向をますます洗練させていくはじまりとなった。

二〇〇三年の春夏コレクションのレザーグッズ、シューズとアクセサリーでは村上隆とのコラボレーションが実現し、桜のついたモノグラム・チェリーブラッサムなどが人々に大きな衝撃を与えた。

十一・二十一世紀のルイ・ヴィトン

ルイ・ヴィトンにおいては、そのエネルギッシュな一五〇年の道のりが、現在の繁栄の確固たる土台になっている。ルイ・ヴィトンは創業初期から、王族のためのトランク作りという非常に保守的な仕事をこなしてきた。そしてもう一方では、飽くなき好奇心から時代に合った技術革新に励み、世界的な店舗革新を目指してきた。

この伝統とファッションというルイ・ヴィトンの二面性は、創業初期から今日に至るまでルイ・ヴィトンのカラーとなっているのである。

ルイ・ヴィトンは現在も業績を拡大している。これだけ売れてしまってルイ・ヴィトンはこれからどうなるのだろうか。そんな疑問もでてくるかもしれない。私も本稿を書くまでその問いについて考え続け、贅沢品の持つ脆弱《ぜいじゃく》さという側面から、どちらかというとネガティブな意見を持っていた。

しかしこうして歴史を振り返ってみると、ルイ・ヴィトンがそうした危惧や時代の波を独創的なアイディアで乗り越えながら、伝統という名の財産を築いてきた軌跡が見えた。

ルイ・ヴィトンの「新しもの好き」という精神は、一見すると冒険的で不安定なようだが、逆にヴィトンの懐をさらに広げ、その基盤を強化しているように思う。

マーク・ジェイコブスによるデザイン、プレタポルテ、表参道店のオープン、村上隆とのコラボレーション……など、ルイ・ヴィトンは激動の中にいるがそれは今にはじまったことではないのである。

このようにルイ・ヴィトンが次々に新しい世界を開き、ラグジュアリー・ブランドをアートの域にまで高められたのは、単にルイ・ヴィトンがトップブランドだからではない。それは、ルイ・ヴィトンが一五〇年前から固く守っている「約束」があるからだ。それは製品の品質。その「約束」は、リペアサービスに見られるような多様なサービスの存在によって、さらに確固たるものになっている。

しかしそれ以外のことは予測不可能だ。十九世紀以来、逆風や人々の予測を鮮やかに裏切り続けてきた、ルイ・ヴィトン。

きっと私たちがいくら考えたり、予測したりしても、また裏切られてしまうに違いない。

第二章

女子大生とルイ・ヴィトン

竹原浩太（経済学部三年）

ルイ・ヴィトンに見た夢

女子大生は、いやそれに限らず一〇代から二〇代前半の、すなわち私たちと同年代の女性たちは一体なぜルイ・ヴィトンを買ってしまうのだろうか。彼女たちはそれぞれに、属するグループも違えば性格、好み、あらゆる面でバラバラである。にもかかわらず、その大部分がルイ・ヴィトン製品を欲しがり、あのおなじみのマークを身に纏《まと》うのだ。これはなぜだろうか。

私は、この根源的な疑問に対して、一つの結論を提示したい。それは、「彼女たちが求めるモノと、ルイ・ヴィトンが提供するコンセプトが『一致』したから」というものだ。何を当たり前のことを、と思われるかもしれない。だが、あえてここで「一致」と「」（括弧）つきで書かせていただいたのには理由がある。その理由を、これから皆さんと一緒にある三人の女性へのインタビューと、その考察を通して追って行きたい。

この旅のキーワードは、「彼女たちが求めるモノ」である。

さて、インタビューに入る前に、まず登場人物を紹介しておかねばなるまい。本章の主なキャストは、以下に挙げる三人である。

A美（一七）は、現在都内の高校に通う現役女子高生である。といっても私とは友人同士で口調もタメ語。なかなかズケズケと物を言う性格である。少し濃い目のメイクに明るい茶色の髪の彼女は、地元のカラオケ店でアルバイトをしつつ（前に会ったときは違うバイトをしていた記憶があるが）、暇なときは平日・休日を問わず渋谷や池袋に遊びに行く。今回のインタビューも彼女のテリトリー、渋谷で、遊びに出かける直前におこなった。

某私立大に通うB咲（二〇）は、高校時代は共学に通い、その中では少し派手な目立つ存在だったようだ。交友関係も広く、友達には様々なタイプがいるようだ。大学ではサークルに所属しているが、あまり出てはいないという。それでも友達だけは保っているところが彼女らしい。

C穂（二〇）は小学校時代から私立の女子校に通う大人しい感じの女性だ。普段から（ぱっと見ではあるし、私はあまり詳しくないのだが）どこか高そうな感じのする洋服に身を包み、物腰も落ち着いている。現在は妹と二人で暮らしているらしく、料理も自分でする。インタビューは彼女の家の近くのカフェが会場だった。

さらに彼女たちは、その名が示す通り、それぞれがあるグループを代表している。今回は考察の〝ターゲット〟である一〇代から二〇代前半の女性たちを、A、B、Cの三つのグループに分けた。各グループ分けの厳密な定義は後ほど詳しく述べさせていただくが、ここでは簡単に以下のように紹介させてもらおう。A＝女子高生　B＝女子大生　C＝お嬢である。

彼女たちは必ずしも各グループ・世代の意見を代表する女性とは限らない。が、私や他のゼミ生がインタビューした女性たちの意見を聞く限り、大方の傾向とは一致しているのではないかと思われる。

本章では、彼女たちへのインタビューを大元に、その他の女性たちの声も交じえつつ考えていきたい。

それでは、前置きはこれぐらいにして謎解きの旅をはじめよう。

――ヴィトン買ったりするのに使えるお金ってどれくらい？

「月に一〇万ぐらいかな？　お小遣いは。でも欲しい物って買ってもらうことのほうが多いかも（笑）」

これはC穂の意見である。まずはじめに、A＆BとCのグループ分けについて考えてみたい。私がこの二つを隔てる最大の要因は、「対LV（＝ルイ・ヴィトン）可処分所得」である。単純な小遣いに限らず、親の所得やアルバイト代、その他様々な要因を考慮した上で、「LVを購入するのに費やすことが可能な所得」の多寡、それがA&BとCを分ける最大の指標である。親が買ってくれる場合は、それも含めることもできるだろう。「C=お嬢」と前述した通り、Cはこの「対LV可処分所得」が比較的裕福な人たちである。インタビューでは、このグループに所属する人たちはおおよそ月、八〜一〇万円と答えてくれた。それに対し、A&Bグループは三〜五万円という答えが多かった。

実はBグループの中にも、「対LV可処分所得」が八万円というような人もいた。だが、その内容はCグループとは少し違うようだった。

——八万もあるの？

「まぁねー。でも全部をヴィトンに使うわけじゃないし」

——っていうと？

「仲いい友達と遊んだりデートに使ったりするお金って、食費とかと違って必要不可欠じゃないじゃん？　だから別にそれを我慢してヴィトンに使ってもいいんだけど、まぁ多分ありえなくない？　みたいな」

——ヴィトンよりもそっちの方が優先順位高い？

「かなり。てか、ヴィトン欲しくなったらバイト増やして買うかなぁ」

このことも踏まえてもう少し柔軟に考えると、「対LV可処分所得」は「(自分にとってとても優先度の高い)他の物を犠牲にしなくてもLVに費やすことのできる所得・金額」と言い換えることもできるだろう。

以上のような観点で対象を二つのグループに分けたとき、まず大きな違いが見られる。少しインタビューを見てみよう。

——ルイ・ヴィトンのいい所ってどこだと思う?

C穂「やっぱり、品質がいいところじゃないかな。うちの親からもらったカバンとか今でも普通に使えてるし、あんまりボロボロのヴィトンって見たことないなぁ。普通に使ってれば壊れたりしないでしょ? 今あんたのカバン、チャック壊れてるんでしょ? (笑)そういうことないし、あっても直してもらえるし」

——それって安心?

C穂「うん、すごく。安い物とかって、どんだけデザイン良くても『安かろう、悪かろう』みたいな心配があるでしょ? 本当はすごくいい物なのかもしれないけど、でも安いってことはその理由がどこかにあるじゃん。それがねぇ」

――イヤ？

C穂「まぁ割り切っちゃえばいいかもだけど。でも、例えばヴィトンとかってそういうのがない。素材だっていいし、作ってる人だって一流だし。デザインだって伝統あるし。安心して買えるってのはあるなぁ」

――使いやすい？

C穂「うん！　やっぱり作りがしっかりしてるっていうのは使ってて感じる。親も使いやすいって言ってるし。いい物使ってるって思える」

彼女は、ルイ・ヴィトンに感じる魅力の源泉に、「品質」に対する「安心」を挙げた。素材・技術・伝統……。そういった、数値に裏打ちされるような目に見える部分に魅力を感じるらしい。それは、実際に自分や身近な人の経験に裏打ちされた感想である。そしてそれこそが、彼女がルイ・ヴィトンを使う際に求めていることなのだ。

対して、A&Bグループはそれぞれ以下の通りだ。

A美「やっぱりー、ヴィトンってなんかカッコイイっていうか……ぶっちゃけ高いでしょ？　それがいいのかなぁ。高級っていうかぁ」

——高級って具体的には？

A美「えっとねぇ、例えばヴィトンのお店ってすっごいキレイでー、お店の人もカッコよくて、笑顔キラキラで相手してくれるし。だからヴィトンのカバン持つと、普段とちょっと違うワ・タ・シみたいな（笑）」

——値段は関係ある？

A美「あるある！　やっぱり高いからそれだけの雰囲気を感じるんじゃん？　なんか値段に裏づけみたいのがあるんだろうしぃ」

——どんなのを買うの？

A美「あのー、よくみるマーク（モノグラム）の描いてある財布とかぁ、あとはカバンとかぁ。あれってやっぱり誰が見てもわかるじゃん。せっかく買っても誰もわかってくれなかったらイヤでしょー」

B咲「もちろん高かったり品質よかったりって所もあるんだろうけど、安心なんだよね。ヴィトンってある程度みんな持ってるから馬鹿にされることはないし、流行り廃りも基本的にはないじゃん。モノグラムだっけ？　どこでも見るよね」

——みんなが持ってることが魅力？

B咲「魅力っていうか……まぁでも失敗がないっていうのはやっぱり魅力かもね。定番ていうか、無難《ぶなん》ていうか。値段もみんなわかってるけどそれなりにするし、誰からもそれをわかってもらえるし。あとヴィトンって長持ちするでしょ？　それもいいかなぁ」

――実際に長く使ってる？

B咲「え……使ってないかも（笑）。一番使ってるのでもこの定期入れかなぁ。多分四年ぐらい。まぁまぁ？」

また、こうした意見も聞かれた。

「ヴィトンて普通じゃん？　少なくとも私はそう思うの。ハズレがない、っていうか。だから持ってても変な目で見られないし、ケチつけられないじゃない。でもそこら辺で売ってるものでもないし」

この二者に共通することは、彼女たちが魅力と感じていることは実質的な部分ではなく、「精神」的に得られる「安心」である、ということだ。「定番」「みんなが持っている・知っている」「高い雰囲気」。これらは、その製品が持つ品質的部分ではない。その製品を購入・所持し、使う上で付帯する安心感や高級感などだ。こういった精神的部分で「安心」できること、これが購入の動機となっている。

読者の中には、「彼女たちも長持ちという、品質的ファクターを挙げているではないか」という疑問を抱かれる方もいるかもしれない。だが、それは彼女たちの経験に根づいた感覚ではない。彼女たちは財布ですら四〜五年、カバンなどはもっと短い期間しか使った経験がないのだ。もちろんこれでも使い捨てられる大量生産品に比べれば十分に長い。が、C グループの人たちの言う世代を超えた「長持ち」とはまた違う。先のB咲以外にも、こんなやり取りもあった。


——それじゃあまずは、貴女のルイ・ヴィトン歴について。最初にゲットしたのは？

「なんだっけ？　なんだろぉ？　あ、手帳かな」

——それはどのようにして？　Ｆｒｏｍ……？

「Ｆｒｏｍ、誰だったかなぁ。(考える)。お兄ちゃんかお母さんなんだけど、お兄ちゃんかなぁ」

——それ（手帳）、今も使ってるんだっけ？

「使ってる、うん。結構使いやすいんだよね！」

——もらったのはいつごろ？

「中二か中三だった気がするんだけど。五年ぐらい前かな？」

——長持ちするって思う？

「うーん、思うけど、でもまぁこれぐらいは結構持つんじゃないかなぁ。普通でも。でも、ヴィトンって親からもらうとかってあるでしょ？　それがすごいんじゃん？」

——ルイ・ヴィトンって、他のブランドよりも品質が歴然といいと思う？

「ぶっちゃけそんなんわかんないじゃん。品質はそりゃいいんだろうけど、こんなに高い金払ってんだから良い品で当然じゃん。もし買ったのが贋物でも、多分気づかないだろうね」

——バッグそのものには長所はないっていうこと？

「そんなことはないよ。やっぱヴィトンは流行り廃りがないから安心して買えるしね。サマンサとかは一万とか二万とかで、安くてかわいいから結構好きなんだけど、流行りが終わるのが早い気がしてすぐに買いかえちゃうんだよね。でもヴィトンのモノグラムなら一〇年たっても絶対あるし、通学とかで結構荒く使っても壊れる心配ないし。ずっと使えると思ったら、一番無難だし長い目で見たらそんなに高くないんだよ」

確かに彼女たちも、「品質がいい」「長持ちする」という認識は持っている。ただそれは実際に使う上で感じた安心感というよりは、「定番」「みんなが認める」と同じように「長持ちするらしい」ことによって購入・使用の際の意思決定を容易にする材料にすぎない。

こうして考えると、「品質」に対する安心感を求めるCグループと、「精神」的な安心感を求めるA&Bグループに〝ターゲット〟が大別できることがわかるだろう。

しかし、実はA&Bグループの人たちにとって、ルイ・ヴィトンの持つ魅力はそれだけではなく、もう一つのファクターがある。そしてそれこそが、AとB、この二つのグループを隔てているのだ。「女子高生」グループのA美はこう語る。

――ルイ・ヴィトンのカバン買うときや持つとき、どんなこと考える？

A美「やっぱり普段とは違うよねぇ。さっきも言ったけど、ヴィトンって高いしぃ、例えば日本国内のブランドに比べても高いじゃん。それを持ってるってことは今まではちょっと違う、リッチな気分だよねぇ」

――リッチな気分？

A美「だってぇ、ヴィトンってお店からして、表参道とか六本木ヒルズとかにドーンってあって。お店行くと中は派手で、店員さんもすごいチヤホヤしてくれるし」

——確かに買うときはそうかもね。ちょっとドキドキする？

A美「するするぅ。もらうと超うれしいし」

——じゃあ普段持つときは？

A美「やっぱりねー嬉しいよぉ。だってねぇ、今まで安っぽいバッグだったりしたのが、今日はヴィトンとかなんだよー！　出かけるとき、鏡の前でにんまりぃみたいな（笑）」

——ヴィトンのバッグ買った後は大体それ持つ？

A美「そうねー、うん。ヴィトンのカバンって結構なんにでも合うしね」

——じゃあ一つ持ったらもう他のいらなかったりする？

A美「そんなことはないよぉ。やっぱり新しいバッグとか、例えばエピとかだって欲しいしぃ。いつも同じバッグでもつまんないしねぇ」

——別のヴィトンの物持ってるときも、やっぱり嬉しいって思うん？

A美「思うよー。またいつもとは違うわけでしょぉ。それにヴィトンのカバンいくつも持てるなんて嬉しいじゃん。えらくなった気がする（笑）」

彼女はヴィトンを持つとき「嬉しい」と言った。同じ「嬉しい」という感情を、「女子大生」グループ、B咲も持つようだった。

——ルイ・ヴィトンを持つときって、ドキドキしたりする？

B咲「うーん、あんまりしないなぁ。昔はあったのかもしれないけど、最近はもう……。友達も結構持ってるし、新鮮さはないよね」

——飽きた？

B咲「飽きたっていうか……いや、飽きてはないよ。今でも好き。でも、ドキドキっていうのとは違うかな、みたいな。飽きたってか、慣れたかな」

——普段使う上ではまだ魅力的？

B咲「さっき言ったみたいに、どこでも使えるし誰にでも認めてもらえるってのは魅力だよね。みんな持ってるし、無難」

——みんな持ってるって、いいこと？　誰でも持ってたら価値が下がるとかは思わない？

B咲「んー、とね。誰でも知ってるけど、誰でも持ってるわけじゃないんだよね」

——っていうと？

B咲「ヴィトンのこと自体は、大体どんな人でも知ってるわけじゃん？　女の子なら。だけど、みんなが持ってるわけじゃないでしょ？　まぁ友達の多くは持ってるけどね。でも持ってない人たちだってたくさんいるし」

――まぁ日本人の五人に一人、だしね。

B咲「ってことは残り四人はないんじゃん？　そうだよね、街でもみんな持ってるわけじゃないし、遊ぶときだって持ってない子はいる。だから優越感、感じるんだよね」

――優越感？

B咲「うん。なんていうか、私の方がおしゃれでイイもん持ってるのよ、みたいな」

――その対照、ていうか比較してるのはどんな人たち？

B咲「友達のときもあるし、その場にいる人のときも。例えばバイト仲間と遊びに行くときとか、ちょっとしたときでもオシャレでヴィトン持ってる子もいれば、オシャレじゃなくてダサダサな子もいて。で、一応オシャレなつもりなんだろうけど安っぽい感じの子もいる。その人たちかなぁ？」

――オシャレなつもりでも安っぽい人たち？

B咲「うん。それとオシャレじゃない子たち。あのね、基本的にそういう人たちってヴィトンとかちょっとゴージャスなオシャレな感じとか、似合わないんだ。ぶっちゃけ。それなりの顔とかスタイルとか雰囲気、ってのかなぁ、そういうのがあればヴィトンとか自然に持てるけど、そうじゃない子って持つと浮いちゃうよね。オシャレな格好もできなくない？　男でもいるでしょ、明らかにオーラ違うやつ（笑）」

――かわいくないと持っちゃいけないと思う？

B咲「かわいくはなくても平気だと思うけど……私もだし。でも、最低限はある。ラインが。雰囲気も含めてね。だからヴィトン持てるってことはそこをクリアしてるってこと」

――じゃあ、別にヴィトンが高くなくてもよかった？　例えば今の半額だったとして。

B咲「うーん……やっぱ高いから優越感、てのもあるかも（笑）。それもある。両方だね。やっぱりお金も大事だよ。正直ね、家が金持ちとか、彼氏が金持ちとか、うらやましいし自分がそうなら自慢したいし。さりげなく、あたしのカバン、ヴィトンなのぉ見て見て！って（笑）」

――その対象は男、女？

B咲「女！　女同士はお互いよくわかってるからね」

どちらのインタビューからも、その「ウキウキ」する感情は見て取れる。だが、果たして二者の抱く「ウキウキ」は同じモノなのだろうか。

A美は「普段と違うワ・タ・シ」に対して嬉しくなると語った。それは、日常に対する快感である。普段、もしくは今までの自分が身につけたり持っていたりした物と、ルイ・ヴィトン、そのギャップに魅力であり快感を感じるのだ。その快感の材料となっているのは、ルイ・ヴィトンの持つ雰囲気であり、価格である。店舗や接客から伝わってくる一流のもてなしや、ルイ・ヴィトンの持つ一五〇年もの伝統とそれに裏打ちされた技術、厳選された素材、その全てが「非日常」を感じさせウキウキした気分に導いてくれる。

それに対して、B咲が語ったのは「友達、周りの人間」に対する優越感という名の快感である。そしてそれは主に同性の人間を対照としている。ルイ・ヴィトンが似合わない人たち、似合っても買えない人たち……。そういった身の周り（あるいは目に映る）人々と比べて、自らのルイ・ヴィトンを持つことのできる資質や所得といったものが勝っている、その事実（またはそれを予感させる現実）が彼女たちに快感を与えている。事実、こんな言葉も聞かれた。

「ヴィトンって個性とかそんなんじゃないんだよね。結局見栄で持つんだし、みんな持ってるっていってもやっぱヴィトン持てば優越感あるし。ていうかヴィトンってある程度の子は持ってるよね」

「基本的には女がライバルだよ」

つまり、AグループとBグループは、ルイ・ヴィトンを持つことに「快感」を感じている、という点だけでは実はまだ分けることができない。その快感が「日常」すなわち自分と比べてのものなのか、それとも「周り」の他者と比べてのものなのか。それこそがこの二つのグループを分けている要素だったのだ。

以上のことを踏まえると、冒頭のグルーピングはもっと厳密かつ正確なものになる。私は最初、「A＝女子高生　B＝女子大生　C＝お嬢」と紹介した。実はこれは、以下のように分けられたグループだったのである。

まず前述した通り、精神的な安心を感じる人々と、技術・品質的な安心を感じる人々の二つに大別できる。

そして、精神的安心を魅力に感じる人々のうち、加えて「日常」に対する快感をルイ・ヴィトンから得ているグループ、それがAグループの正体である。対して、「他者」に対する快感を持つ人々がBグループを構成している。この両者には、時間的因果関係も考えられる。というのは、

――ルイ・ヴィトンを持つときって、ドキドキしたりする？

B咲「うーん、あんまりしないなぁ。昔はあったのかもしれないけど、最近はもう……。友達も結構持ってるし、新鮮さはないよね」

——飽きた？

B咲「飽きたっていうか……いや、飽きてはないよ。今でも好き。でも、ドキドキっていうのとは違うかな、みたいな。飽きたってか、慣れたかな」

——これからもルイ・ヴィトンのバッグを使い続けるつもり？

「実はそれが、微妙なんだよね。もうヴィトンは満足っていうのはある」

——もう少し具体的に言うと……？

「大学入った直後って、なんかヴィトンとかすごい大人って感じなのね。だからはじめて財布買ったときとかすごい嬉しかったし、今でももちろんヴィトン好きだけど。でももうこれだけ持ってたら十分かなって」（この女性は恐らくBグループに属している）

といったようなやり取りに見られるように、現在Bグループ、すなわち「他者」に対する快感を感じている人々も、かつてはルイ・ヴィトンを所持すること自体に新鮮な感動、魅力を覚えていたからだ。すなわち日常からの飛躍・驚きといった部分が年月とともに徐々に薄れていき、代わりに「他者」に対する優越感などにその所持動機の主たる部分がシフトしていった、このように考えられる。であるからこそ、私はA＝女子高生　B＝女子大生と名づけさせてもらったのだ。

そして最後に、ルイ・ヴィトンに感じる技術的な安心をその魅力の源泉とするCグループ。彼女たちはもはや「快感」はあまり感じていない。それは、ルイ・ヴィトンがあまりにも自分（及びその周りのコミュニティ）にマッチしている存在であり、それが「当たり前」の水準なのだ。そこでは、ルイ・ヴィトンの持つ高級感ですら羨望の対象とはならない。しかし、しっかりとした技術的裏打ちがあるからこそ、彼女たちはそれを求めて、自らの生活をルイ・ヴィトンとともに彩るのであろう。

このCグループは、所得で特徴づけられる。本章前半に書いた「対LV可処分所得」だ。これが多くなると、ルイ・ヴィトンを購入する機会も、それに伴うコスト（所得に対する製品の相対的な価格、及び購入の意思決定コスト）も彼女たちにとっての「日常的」レベルになる。そして、そのコミュニティの中でルイ・ヴィトンが一般的である以上、羨望の対象とはならない。ということは、必然的に所持することによる他者への優越感も生まれにくい。

このようにして、女性たちを「安心」「快感」この二種類の側面において三グループに分けることができた。

もちろん、この三つは不可分ではない。むしろ、誰もがその要素を少しずつ持っているのかもしれない。ではあるが、大まかな傾向として捉えたとき、多くの人は自らがどこかのグループに属していると気づくのではないだろうか。

こうして三つの、異なるモノをルイ・ヴィトンに求めるグループを考えることができたとき、冒頭に挙げた一つの「根源的な疑問」が浮かぶ。

「ルイ・ヴィトンというブランドは一つしかないのに、なぜ三つのグループに同時に受け入れられることができたのか？」

そしてこの答えこそが、「ルイ・ヴィトンが提供するコンセプトと、彼女たちの求めるコンセプトが『一致』した」、このことに隠されているのではないかと思う。この章のはじめにこの文を読んだとき、恐らく多くの方はその真意をわかりかねたであろう。だが、彼女たちが求めるモノを追ってきた今、理解はそう困難ではない。つまり、こういうことなのだ。

「ルイ・ヴィトン、それは旅のこころ」。創業以来ルイ・ヴィトンが掲げ、消費者に提供し続けているコンセプトだ。これがそのまま消費者に伝わり共有されているのか、それが問題なのではない。問題は、彼女たちが求めているモノ、描いている「夢」が、このコンセプトによって満たされているかどうかなのだ。

「旅」には、日常に対する非日常という側面がある。これはAグループの描いた夢に重なるだろう。また、日常のちょっとした買い物なども、我が家から出て行く、という面で立派な旅と捉えることができる。そう考えれば、その「小さな旅」をする上でしっかりとした品質を備えた道具を必要とする、Cグループの夢もまた「旅」の中にある。

Bグループの見る夢、すなわち他者への優越感は一見この「旅」とは無関係にも思える。だが、この「旅」の発祥を考えてみたとき、おぼろげながらその重なりも見えてくる。そもそもルイ・ヴィトンが誕生した一五〇年前は、誰もが気楽に旅することができる時代ではなかった。「旅」すること自体が、ある種のステータスをあらわす事柄だったのだ。旅とは、選ばれた人間の証《あかし》。こう考えれば彼女たちの夢もまた、「旅」に収束する。

ブランドに手を伸ばすとは、そのブランドに何かを求めているということだ。そしてそれは、「ブランドに夢を見、描く」ことと言い換えてもいい。

ルイ・ヴィトンが多くの若い女性に愛される理由、それはルイ・ヴィトンの提供する「旅のこころ」という名のキャンバスが、多くの夢を描いてなお余るだけの広さと柔軟さを兼ね備えているからだ。そしてその夢を描くことができる限り、たとえ自らの発信する価値観がその通りに理解されていなくても、日本で最も売れるラグジュアリー・ブランドの座は安泰であるに違いない、と。

第三章

おばさんとルイ・ヴィトン

橋本隆之（経済学部四年）

もはや見栄ではない

女子大生にとってのルイ・ヴィトンがどのようなものであるかはこれまでに見てきた通りだ。この章ではその比較として、マダムがルイ・ヴィトンをどのように見ているのかを検証する。

ここでマダムを挙げたのは、「お金のない女子大生」の対となる対照として「お金のあるおばさん」＝「マダム」を見てみると非常にわかりやすいだろうと思われるからだ。ルイ・ヴィトンをそう高くはない商品として捉えているマダムたちは、ルイ・ヴィトンをどう見ているのか。

三人のインタビューから探ってみよう。

インタビュー　1

新しくできた六本木ヒルズの中のルイ・ヴィトン店から出てきた、おばさん三人組に声をかけた。彼女たちは僕の母親ぐらいの世代で、六本木周辺に住んでいた。

――こんにちは。今、ルイ・ヴィトンの店から出ていらっしゃいましたよね。今日は何をしに来られたのですか？

おばさんA（以下A）「いや、新しくヴィトンができたっていうからちょっと見に来たんです」
――ヴィトンの商品は持っているんですか？
A「はい。鞄が二、三個に財布やらキーケースを持ってます」
B「私も同じくらいかな」
C「私も」
A「そういえば、私たちが今使っている財布、全員ヴィトンの財布よね」
――ではルイ・ヴィトンはお好きなんですか？
A「好きっていうか、ヴィトンは使い勝手がいいのよね。すごい丈夫だし、使っているうちにどんどん自分になじんでくるし」
B「そうそう。私なんか入社祝いに買ってもらったヴィトンのバッグ、まだ使っているわよ。入社してからだからもう二〇年くらいになるかしら。それでもまだ使えるもん。あ、こんなことというと年がばれちゃうわね。逆算しないでよ（笑）」
A「なんていうか、ヴィトンは私たちに合ったブランドなのよ。ちょっと犬の散歩に行くときにも持っていけるし、なんかフォーマルな会があっても持っていける」
――生活スタイルに合っているということですか？

Ａ「そう。生活スタイルに合ってるからすごく便利なのよね。どこで使っても、恥ずかしくないし、かといって嫌味でもない。無難なのよね」

Ｂ「そういえば、あなたのところのわんちゃんの首輪もヴィトンだったわよね」

――え、犬にまでルイ・ヴィトンの製品を使うんですか。贅沢だな。

Ａ「だってあれかわいいでしょ（笑）」

――ルイ・ヴィトンのデザインはどうですか？

Ａ「ヴィトンのデザインは落ち着いてて、流行り廃りがないじゃない。そこらへんがいいわよね。何年持っていても流行遅れだからとかいって、持っていて恥ずかしい思いをせずにすむでしょ」

――それじゃあ、最近村上隆とコラボで出した新作はどうお思いですか？

Ａ「あー、あれね。別にいいとは思うけど、私は買いたいとは思わないわね。だって私ぐらいの年のおばさんがあんなの持ってたら変でしょ。でも、ちょっとやりすぎたんじゃない？」

Ｂ「ま、お金がある人はああゆうのを買ってもいいんじゃない」

――では、次にルイ・ヴィトンの製品を買うとしたらどういったものを買いますか？

Ａ「新作が出たときとか限定物が出たときとかかな。新しいデザインが出て、気に入れば買いたいかもね」

——新作とか限定物とかを欲しいと思うのは、最近みんなルイ・ヴィトン製品を持っていることと関係あるんですか？

Ａ「そうね。最近みんな持ってるもんね。女子高生とかで持ってるの見るのとか、いやよね」

——それが次に買おうという気をそいだりしますか？

Ａ「そりゃそうでしょ。誰でも持ってるものを持つのはいやだしね。街で同じバッグとか持ってる人と会うと気まずいし」

——ルイ・ヴィトンに対してあこがれとかはありますか？

Ｂ「それはないわね。私たちに合ったブランドだと思っているから。昔はあったわよ。私たちはＪＪとかの世代だから、雑誌見て外国のモデルさんたちがヴィトンのバッグ持っているのを見てあこがれたりはしたけど。今は欲しいと思ったら、そんなに苦労せずに手に入るし。ヴィトンを買うのはあこがれじゃなくて、自分たちに合ったブランドだからね」

——では、今あこがれるブランドとかはありますか？

Ａ「うーん、やっぱエルメスかな」

——エルメスのどこにひかれますか？

A「エルメス自体っていうんじゃないのよね。エルメスを持ってる人っていうのかな。エルメスを持てるくらいの人になりたいって思うわね」
――エルメスを持てるくらいの人ですか。
A「そう。なんかイメージでいうと外国の品のいいおばあちゃんみたいな。大きな家で大きな庭を持って、時間を楽しむ余裕がある感じ。そこにエルメスがある、みたいな」
――なるほど。わかりました。ありがとうございます。

インタビュー　2

次に、中目黒に住むデザイン関係のお仕事をしているマダムに、六本木ヒルズ横のスターバックスでお話を伺った。


――月にいくらぐらいファッションにお金を使いますか？

「決まってないけど平均すると三万円ぐらいかしら」

――どのようなところでお買い物をしますか？

「どこって特に決まってないわね。インターネットでも買うし、フリーマーケットでも買うわ。色々よ。だけど、年配の人がよく来るような六本木とか広尾とか、あと横浜も行くわね」

――フリーマーケットでも買うんですか。

「そうよ。だからフリーマーケットで買うときは三〇〇円のものとかも買うし、六本木で買うときは五〇万円の買い物もするわね」

――そうなんですか。買う価格の範囲が広いですね。

「そうね。三〇〇円でも生地のしっかりしているものでいいものもあるしね。逆に五〇万円のものだったらやっぱり技術が違うしね。縫い方一つにしても全然違うでしょ。エルメスのあの両面からはさむようにして縫う縫い方なんて、真似しようとしてもできないもの。もちろん革もそこらへんの革とは全然違う、いい革使ってるし」

――ルイ・ヴィトンのものは持っていらっしゃいますか？

「一つしか持ってないんだけどね。一〇年前にボストンバッグを買ったわ。モノグラムのやつ。使い勝手がよさそうで、旅行に便利かなと思って。それからは買ってないわね」

――それはなぜですか？

「だってコピー商品多いじゃない。ヴィトンは贋物との区別つきにくいしね。エルメスだったら革のへたれ具合が本物と贋物じゃ違うからわかるんだけどね。あと、若い人がみんな持ってるでしょ。あれだけみんなが持つと嫌ね。ああゆうブランドって揃《そろ》えなきゃだめじゃない。バッグがヴィトンなら財布もヴィトンみたいに。でも、揃えるとそれこそみんなと一緒になっちゃうでしょ。だったらはじめから買わないでおこうってね。でも、いいなって思う商品はあるのよ。トランクとか。でも、あれは高すぎて買えなかったけどね。最近も、財布欲しいなって思ってヴィトンのやつもいいなって思ったんだけど、ラルフ・ローレンのやつ買っちゃった」

——ルイ・ヴィトンよりもラルフのほうがよかったんですか？

「いやいや、セールみたいなところに行ったんだけど、ラルフ・ローレンのお財布なのにラルフ・ローレンのマークが入った金具が取れちゃってるのがあってね。店員さんが売れないからって後ろの箱に入れようとしたところを売ってもらったのよ。普通に買うと一万円くらいするのに、五〇〇〇円で売ってもらっちゃった」

——そんなに安くなったんですか。

「そう。ラルフのマークが入ってる金具が九五〇〇円ってことかしらね（笑）」

——それじゃあ、もしラルフの財布が安くならなかったらルイ・ヴィトンを買っていた可能性もあると。

「そうね。なんだかんだいってもヴィトンは丈夫だし、機能性の面においてもすごく工夫されてるし。革もいいしね」

――そうですね。さっきのラルフみたいに、ルイ・ヴィトンってブランドネームだけで不当に高くなってると思います？

「そんなことはないと思うわ。だってヴィトンてアフターケアがしっかりしているじゃない。メンテナンスのことまで考えると割に合ってるんじゃないかしら。ずーっと使ってこそブランドだからね。最近の若い子はヴィトンを単なるファッションとして一時的にしか持ってないけど、あれってブランドに対する冒瀆《ぼうとく》よね。そういうのってブランドをステータスとして持ってるから割に合ってないんじゃない。ちゃんと使うんだったら割に合ってると思う。最近の白っぽいやつ、あれなんか流行り廃りがあって長くは使えないでしょ。ああゆうの出すとブランドの価値をわかってる昔からの顧客は離れるわね」

――なるほど。ブランドをステータスだけで買うのはいけないと。

「そう。ブランドは職人の技術や、その技術による耐久性で価値が決まるの。流行だから買うとかブランドだから買うっていう買い方はだめね。そのブランドにこだわりを持って買わないと」

――なるほど。話は変わりますが、そういうブランドを持つのはどういうときですか。

「最近はエルメスのバッグを使ってるんだけど、仕事場にはエルメスのバッグは持って行かないな。エルメス持つのは友達と遊びに行くときとか」

——なんで仕事場にはエルメスを持って行かないんですか？

「それはＴＰＯよ。ＴＰＯに合わないから」

——じゃあ、友達と遊ぶときはみんながそれなりのものを持っているから？

「そう」

——もし、友達がとても貧乏な人だったらどうします？

「それだったら、その人に合った服装してくでしょ。あと、場所ね。パーティーだったらそれなりの格好をしてくし、ちょっと遊ぶだけだったらカジュアルな格好してくでしょ」

もはやあこがれではない

当然といえば当然である。お金に余裕のあるマダムたちにとって、ルイ・ヴィトンのバッグはもはや無理をして買うレベルの商品ではない。ちょっと欲しいなと思えば手が届く範囲のものだ。そこにはあこがれという心理はない。しかし、女子大生にとってはすぐ手を出せる商品ではない。自分のレベルよりも一つ上のレベルに位置する商品であり、それは「他の子よりもちょっとリッチ」で、それを身につけることで「他の子よりちょっとお嬢」になれる道具であるのだ。ゆえに、そこには見栄やあこがれという心理が働く。「ちょっとリッチ」で「ちょっとお嬢」に見られたいから、ルイ・ヴィトンを買うのだ。

マダムたちにはそういった心理は働かない。だが、それでも彼女たちはルイ・ヴィトンを買い続けている。その理由は何か。

二つの価値

ブランドには「技術充足的な価値」と「感情充足的な価値」という二つの価値があるとされている。

「技術充足的な価値」とは、生地がしっかりしているなどという商品そのものの特性に対する満足度である。「感情充足的な価値」とは、その商品を持つことでどれだけ自分の願望が達成できるかという基準である。ルイ・ヴィトンのバッグを持つことで得られる、他人に羨望の目で見られることによる優越感だとか、すばらしいものを持っているんだという自己満足がこれにあたる。

ここで、インタビューを行ったマダムたちについて、今挙げた二つの価値基準で分析してみたい。マダムたちは、ルイ・ヴィトンについて、技術充足的な面で価値を認めていると考えられる。それは「丈夫」だとか「使い勝手がいい」などという言葉に表れているだろう。若い世代に比べて、ルイ・ヴィトン製品自体をしっかり見ている。

「ヴィトンは丈夫だし、機能性の面においてもすごく工夫されてるし。革もいいしね」

この言葉に象徴されているように、彼女たちはルイ・ヴィトンの鞄と他の鞄を比較してそのよさをしっかりと理解している。「あれだけみんなが持つと嫌ね」と言いつつも、やっぱり技術充足的な価値を認めて、またルイ・ヴィトンを買いたいと思うのである。

さらに女子大生からはほとんど聞かれなかったが、マダムからかなり聞かれた言葉が「アフターケア」である。女子大生からは、ルイ・ヴィトンの良いところを挙げてくれという質問に対して、アフターケアの話はほとんど出なかった。それに比べて、マダムからはかなりの確率でこのアフターケアについての話が出てきたのである。使用年数が長く、商品に長く触れているマダムの方が、サービスに関してもよく知っているのだ。

感情充足的な面ではどうか。彼女たちはこのブランドを「自分の生活スタイルに合ったもの」と考えている。彼女たちはルイ・ヴィトンを自分と同等のレベルのものとして捉えており、高級なものとしては捉えていない。むしろ「みんなが持っている」ことに不満を覚えている。これはマダムたちに、感情充足的な価値が認められていないということであろう。

はじめてルイ・ヴィトンを手にしたころの彼女たちと、現在の彼女たちは、違う存在である。現在の彼女たちは、はじめてルイ・ヴィトンを手にしたときから年もとったし、それにつれて嗜好《しこう》も変わったであろう。

ルイ・ヴィトンとの関係性を見るにあたって一番関連性が高い要因が、所得の変化である。所得が上がるにつれて、彼女たちとルイ・ヴィトンの距離は徐々に近いものとなってきた。以前は彼女たちよりもルイ・ヴィトンの方が上に位置していた。したがって、それはあこがれの対象であり積極的に欲しいと思う存在であった。雑誌を見て「スタイルのよい白人女性のモデルが持っているヴィトンの鞄」を自分も買えば、自分もそういう存在に近づけるんじゃないかと思い、買うものであった。

しかし、現在ルイ・ヴィトンは彼女たちと同等、またはそれより若い世代にとってのブランドという存在となった。ゆえに、彼女たちがルイ・ヴィトンを欲しいと思う理由は以前のように積極的なものではない。「ヴィトンを持っていれば間違いない」「ヴィトンを持っていれば恥ずかしくない」「ヴィトンを持っていればそれなりに見られる」というのが、彼女たちのルイ・ヴィトンを買う隠された心理なのだ。彼女たちの中でルイ・ヴィトンは、持っていて気持ちがよいという「攻めのブランド」から、持っていて恥ずかしくないという「守りのブランド」へと移行していったのだ。

「切符」としてのルイ・ヴィトン

守りのブランド、これは「切符」に似ている。

ルイ・ヴィトンを買うことは、ルイ・ヴィトンが象徴するコミュニティへ参加するための「切符」を買うことと言い換えることができる。

彼女たちが若かったころは、ルイ・ヴィトンを購入し、ルイ・ヴィトンを持つことは、自分が所属するコミュニティのメンバーから自分を差別化するという意味合いが強かった。他の友達には持てないヴィトンの鞄を持つことで、友達よりファッションにこだわりがあり、友達よりお嬢様である自分をアピールできたのだ。

しかし、コミュニティの他のメンバーも年をとり、所得が上がってルイ・ヴィトンを持つようになると、それは差別化の道具としての機能を果たさなくなった。代わりにそれは、コミュニティに参加するための「切符」の機能を持つようになった。ルイ・ヴィトンは、ある程度のおしゃれ、ある程度の所得、ある程度のこだわりを持つコミュニティの象徴となったのだ。「自分の周りのリッチでおしゃれな友達がみんなヴィトンを持っている。自分もヴィトンを買えば、リッチでおしゃれなみんなの仲間入りができるのではないか」

と思うのである。ゆえに、周りの友達がみんなルイ・ヴィトンを持っていることは、彼女たちにとって購買欲をそぐマイナスの要因にはなっていない。むしろプラスの要因になっているのだ。

では次に、さらに年配のマダムのインタビューを挙げる。

インタビュー 3

銀座の松屋のショーウィンドウの前で、ご主人を待つ上品なおばあちゃま、といった感じのマダムにインタビューを行った。

——すみません。ブランドについて調査しているものなのですが、ちょっとお聞きしてもいいですか？

マダム（以下D）「いやいや、私はブランドなんてわからないですからお答えできませんよ」

（と、彼女は言っていたが身につけているイヤリング、鞄はエルメスのものだった。）

——それでもかまわないんで、少々お時間もらえませんか？

D「わかりました。主人を待っているんでそれまでの間なら」
――ルイ・ヴィトンについてお尋ねしたいんですがよろしいですか？
D「私はルイ・ヴィトンについてはまったくわかりませんよ」
――ルイ・ヴィトンの商品はお持ちでないのですか？
D「はい。私くらいの年になると、ルイ・ヴィトンを持って出かけるところがありませんからね」
――というのは？
D「ルイ・ヴィトンは若い人向けのブランドでしょ。私くらいの年になると持てませんよ」
――ではルイ・ヴィトンは何歳くらいの人が一番よく似合うと思いますか？
D「三〇代くらいですかね」
――あなたくらいのお年の方だとどんなブランドがお似合いだと思いますか？　今日はエルメスのものをお召しになっているようですが。
D「はい、エルメスのものはよく身につけますね。やはり、エルメスだとどこにでも行けますからね」
――エルメスの商品はお好きですか？

D「エルメスはものがいいですからね。私くらいの年になると、そう外にも出歩かなくなるのであまり数はいらなくなるんですよ。だから少量でもいいものを買いたいなと思っています」

――エルメスはどこでお買いになられるんですか？

D「自分で買ったことはありません。いつも主人が外国に行ったときに買ってきてくれるんです」

と、ここでご主人が来たのでルイ・ヴィトンについて尋ねてみた。

――ヴィトンの商品は何かお持ちですか？

ご主人（以下、夫）「小物は持ってるよ。財布とかね」

――その商品は気に入っていますか？

夫「ああ、ヴィトンは丈夫だからね。この財布なんか。もう、ずーと使ってるもん。それでも形が崩れないし。しかもカードがたくさん入って機能的だね」

――ルイ・ヴィトンは最近大人気ですが。

夫「これは流行だから持っているんじゃないよ。丈夫でものがいいから」

ルイ・ヴィトン卒業

再び前に使った二つの指標で分析してみる。今回の場合では、「技術充足的な価値」は満たされているといえよう。「これは流行だから持っているんじゃないよ。丈夫でものがいいから」というのはご主人の発言ではあるが、奥さんも横でうなずき同意していたところを見ると、彼女も技術充足的な価値を認めていると思われる。では「感情充足的な価値」はどうか。

今回の場合では、奥さんはルイ・ヴィトンを持つことによって、他者からの優位性も自己満足も得ていない。むしろ、ルイ・ヴィトンを持つことは優位性の観点から見るとマイナスである。なぜならルイ・ヴィトンが、自分のいる階層を象徴する記号ではもはやないからだ。年齢的にも、ルイ・ヴィトンは自分よりももっと若い人が持つものとして捉えているので、自分が持つと「年甲斐もない」「若作り」になってしまうと考えているのだ。

奥さんは、自分はルイ・ヴィトンを卒業したと考えているのであろう。他の年配の方にもインタビューをしたが、やはりルイ・ヴィトンを卒業したと考えている人が多かった。彼女らの根底にある意識として、自分はルイ・ヴィトンの次のステージの人間だという認識がある。

他のマダムにインタビューしたときに、ルイ・ヴィトンとエルメスに対する認識でユニークなものがあったので挙げておく。

「エルメスがフランス的なのに対して、ルイ・ヴィトンはアメリカ的だ」

なぜこれがユニークかというと、エルメスもルイ・ヴィトンもフランスの会社だからだ。なぜルイ・ヴィトンだけアメリカ的なのか。尋ねてみたところ、ルイ・ヴィトンはたくさん売りすぎていて、「フランス的な、まじめにこつこつ洗練されたいいものを作る」というイメージから離れてしまっているというのだ。逆に、アメリカ的な大量規格生産というイメージがついてしまったのであろう。知価ブランドの特性として、「独創性」「卓抜性（創り込むことに誰よりもこだわりを持つ精神）」があるが、大量に作るというイメージが、この「独創性」「卓抜性」というイメージを凌駕してしまった結果の認識といえるであろう。自分を中流階級から卒業した存在と位置づけるリッチなマダムは、大量に作られ大衆に浸透したルイ・ヴィトンからも卒業せざるを得なかったのであろう。

ルイ・ヴィトンを卒業して行き着く先はエルメスだけではない。ルイ・ヴィトン、エルメスのような有名な知価ブランドではなく、自分がいいと認めたものを買うようになる場合もある。

渋谷区松濤にある、庭の池には鯉が泳ぐ大邸宅に住むマダムは、「もう有名ブランドではなくて、自分が本当にいいと思ったものを買っているわ」と言う。彼女も、昔はプラダ、グッチ、ブルガリなどのブランドを買っていた。しかし、最近では銀座の裏道にある、有名ではないが自分が認める商品を置いてある小さなショップで買い物をすることが多いという。数々のブランドを身に纏い、ファッションに対する自分への自信をつけてきたからこそできることだ。単にその商品が高いか安いかにはあまりこだわらない。本当に機能性が良いか、デザインが優れているか、価格がその商品に合ったものかが購買を決定する要因となる。

「機能―感情―機能」サイクル

今回インタビューでは、「なぜヴィトン?」というマダムたちへの質問に対して、必ずといっていいほど「機能性」という答えが返ってきた。これだけマダムたちに機能性を認識されているということは、裏返せば企業としてのルイ・ヴィトンが、戦略的に高い機能性を維持しているということだろう。なぜそこまでルイ・ヴィトンが機能性にこだわるのか。その答えはマダムたちの購買心理を探っていくと見えてくる。

彼女たちにインタビューをするにしたがって、ある心理パターンが見えてきた。それは「機能―感情―機能」サイクルである。

仮に一つも鞄を持たない人がいたとする。鞄を持っていないので、その人はたくさんの物を持ち運ぶときに不便を感じる。そこで、鞄というたくさんの物をいっぺんに運べる機能を持つ商品を欲する。その際の鞄は、鞄としての機能が備わっていれば何でもいい。鞄を買うことで、彼女はたくさんの物を持ち運ぶときに感じていた不便を感じずにすみ、満足を覚えるのだ。

しかし、しばらくするとその機能性だけでは満足できなくなる。人間は飽きる動物であり、常に新しい刺激を求める。機能性だけで満足できなくなった彼女が次に求めるのは、デザイン、価格、伝統、商品の背後にある物語等の、知価ブランドの要素をなすものである。「鞄は鞄でもそこらへんにある鞄とはちょっと違うのよ」となるわけだ。この、「そこらへんにある鞄とはちょっと違う」鞄の代表が、ルイ・ヴィトンである。そしてちょうどこの段階にいるのが、女子高生や女子大生などの若い人たちである。

そうした知価ブランド性を持った鞄を長く使うと、感情充足的価値が薄れてきて、またそれだけでは満足できなくなるのである。そこで機能への回帰という現象が起きる。機能性を再確認することで納得する。「この鞄は高いだけじゃないの。鞄としての機能性がしっかりしている。だから私はこの鞄が好きなの」となるわけである。

機能への回帰の原因はそれだけではない。自分の周りや自分より下の世代の人たちが同じ鞄を持ち出すことからもはじまる。そういう人たちが持ち出すことによって、自分がその人たちと同化してしまうのがいやなのだ。そこで彼、または彼女たちは「私は、彼女たちとは違ってステータスシンボルとして持っているんじゃないの。この鞄の機能性にほれたから買ったのよ」と考えるのだ。

この段階にいるのが四〇代から五〇代を中心とした、マダムたちだ。

しかし、このモデルには一つ条件がある。それは機能への回帰が起こる商品の値段が、消費者がその商品カテゴリーに割くことのできる所得の限界であるということである。つまり、鞄という商品に消費者が一〇万円まで出してもいいと思っているのなら、機能への回帰が起こる商品は一〇万円ないしそれに近い値段であるということである。もし仮に鞄に五〇万円まで出していいと考えるなら、一〇万円の鞄に対して機能への回帰は起こらない。消費者は五〇万円の鞄を買うからだ。その例がインタビュー3のマダムである。

彼女たちはルイ・ヴィトンに対して機能への回帰をしなくても更に値段の高いものが買えるので、あえてルイ・ヴィトン製品に対して機能への回帰を考えない。より感情充足的価値が高いエルメスへと進む。

ここまで見てみると、企業としてのルイ・ヴィトンが機能に力を入れる理由がわかるだろう。多くのマダムたちが鞄に割けるギリギリの価格に値段を設定して、それ以上高価格な鞄に逃げられないようにする。そして、機能性を高くすることで、機能への回帰が起こってもそれに耐え得るようにし、その優れた品質で同価格帯の他製品への流出を防いでいるのだ。

マダムたちは、はじめは感情充足的価値、次に機能への回帰による技術充足的価値というように、ルイ・ヴィトンの中で様々な価値を勝手に見つけ、結果的にルイ・ヴィトンから離れられなくなっている。ルイ・ヴィトンを卒業しようとしてもできない人が多いといえよう。

ルイ・ヴィトンが売れ続ける理由

よくルイ・ヴィトンは企業戦略がうまいといわれる。中流意識が大半を占める日本人にとって、頑張れば手が届く範囲に価格を設定しているからという分析はよく耳にする。

しかし、今回マダム年代に対象を絞って見てみるだけでも、ルイ・ヴィトンが売れ続ける理由はそれだけではないことに気づく。この章では、特に機能性と価格についてルイ・

ヴィトンの戦略を探ってみたが、ルイ・ヴィトンの戦略のうまさはそれだけではない。後の章にあるように、他にもモノグラムに代表されるデザイン戦略、広告戦略等、どれをとっても緻密な戦略を垣間見ることができる。

偶然なのか、それともルイ・ヴィトンがそこまで考え抜いているのかはわからない。が、それらの戦略が相乗効果を生んで、マダムにとってルイ・ヴィトンが「切符」化しているように、ルイ・ヴィトンを買わざるを得ない仕組みを生み出しているのだ。

第四章

男子学生とルイ・ヴィトン

届かないけどちょっと気になる

川崎智光（経済学部三年）

朝起きた。携帯電話を握っていた。十一時五十二分。昼だ。七時半のめざましを勝手に止めたらしい。今日は一限からばっちり出るはずだったのに寝ブッチしてしまった。

誰が言い出したのか知らないけれど、昼ごろに目がさめることを「笑っていいとも」のはじまる時間にちなんで「いいとも起き」と言うらしい。なかなかうまいこと言うもんだ。顔を洗い、床に落ちているシャツとジーンズに着替え、昨日のままのカバンを拾い上げ、玄関のスニーカーに足をつっこんで家を出る。起きてからたった五分。男は便利だ。

あのチョーさんが亡くなった。葬儀で一般記帳を受け付けた芸能人には、美空ひばりさん、石原裕次郎さんがいる。そんな大スターいかりや長介さん率いるザ・ドリフターズの全盛期を、僕はリアルタイムで知らない。高度経済成長期にはまだ生まれていなかったし、バブル期には子供だった。そんな僕らは人口構成で見ると、団塊ジュニア世代（一九七三〜八〇年生まれ）のすぐ下にいる。

今回、ルイ・ヴィトンの製品がなぜ売れているかをテーマに文章を書くにあたって、おいらブランドなんかにゃ興味ないぜ、と格好をつけるつもりだった。ところがどっこい本当は全く逆で、僕はこれまで数多くのブランドに熱くなっていた。ファミコン、ミニ四駆、ビックリマンシール……特定の名前がついた人気製品が欲しくて追いかけまわしていた。ほんの小学生のころから、ブランドの原体験みたいなものがあったのだ。

「みんな持ってる」と言われるルイ・ヴィトンだけど、「みんな」の中には僕ら男子学生も入っているのだろうか。

ブランド物の消費者という点では、僕ら男子はマスコミにちやほやされることもなく、同世代の女の子たちに比べて全然注目されない。主観的な意見だけれど、ルイ・ヴィトンは男子学生の間では流行っていないと思う。

かといって、ブランド物に全く興味がないわけではない。むしろ、ルイ・ヴィトンをはじめとしてファッション・ブランドの名前はよく知っているし、それぞれの製品の見分けもつく。ルイ・ヴィトンの製品に限って言うと、誰かがくれるなら喜んでもらうけれど、わざわざ自分のお金を出してまで欲しいとは思わないというのが正直なところだ。

なぜ男子学生の間でルイ・ヴィトンが流行っていないと思うのか、いくつか理由を考えてみたい。

一つ目は、普段の格好に似合わないからではないだろうか。一目で高価だとわかる服装に身を包んだ「背伸びしてる」ブランド小僧に出くわすことはめったにない。普段街中を歩くような格好をまとめてストリート系と呼ぶが、ストリート系の男子たちはあまりお金を持っているようには見えない。実際のところ、学生である僕は親のすねをかじっているし、アルバイト収入がたくさんあるわけではないので、お金に余裕はない。周りの友達もそんなだから、ブランド物の情報が口コミで伝わってきたり、ブランド物を持つことが流行ったりすることがない。

でも、男子学生が全く自分の服装に関心がないかといったら、実はそうでもない。

他人のおしゃれを盗もうと思って、通りを行く僕と同年代くらいの男の子を観察してみる。すると、一見では安物を着ているようにしか見えないのだけれど、よく見るとかっこいい一点物の古着や、なかなか手に入らない限定物のスニーカー、ボロいが何万円もするようなジーンズを穿《は》いていたりする。きれいめの格好をした男の子の服は、たぶんセレクトショップで買ったものだろう。パッと見では皆同じように見えるのに、よくよく見るとそれぞれ工夫をこらしている。

男子学生の服装は、どちらかというと、一目見て何を着ているかわかる、とか、誰にでもわかるというものではなく、自分だけのこだわりを満足させるようなものと言えるかもしれない。わかる人にはわかる、ということが肝心なのだ。

だから、僕らにとって、同世代の女の子たちが口にする「ルイ・ヴィトンを持っているとうきうきする」とか「それなりの人間に見られるから安心する」という意見はあまりピンとこない。ファッションによって自分の社会的属性をアピールするという考え方がよくわからないのだ。まだガキなのかもしれない。それとも男の特質なのか。

二つ目の理由として考えられるのは、周りの友達がルイ・ヴィトンのバッグやアパレルを持っていないことだ。

そう思って、ランダムにクラスやサークルの男友達計一〇人に声をかけ、ルイ・ヴィトンの製品を持っているかどうか尋ねてみると、意外なことに一〇人中三人が持っていると答えた。それぞれ、モノグラムの財布、小銭入れ、タイガのトートバッグ。もう一つ意外なことに、モノグラム・ラインが革でできていると思っている人が多かった。実は布地にビニールコーティングを施した物なのに。

とにかく、男子学生には縁がないと思い込んでいたのは勘違いだったみたいだ。話を聞いた数は少ないけれど、この一〇分の三という所持率は他の世代の人たちと比べてどうなのだろうか。結構高いのではないだろうか。ふーんそうか。やっぱ流行ってんのかルイ・ヴィトン。そうかそうか……。

いや、まてよ。三人とも「親とか親戚にもらった」って言ってたなぁ。自腹を切って手に入れたいほどルイ・ヴィトンに惚れているわけではないらしい。ちなみにその一〇人に「ルイ・ヴィトンの製品が欲しいか」と尋ねたところ「誰かがくれるなら喜んでもらうけれど、わざわざ自分でお金を出してまで手に入れたいとは思わない」というのが大方の意見だった。欲しがる人は少ないので、流行っていないと言ってもよいのだろうか。うーむ。よくわからなくなってきた。

ルイ・ヴィトンは男子の間で流行ってないんじゃないかと思う一番の理由は、一〇代から二〇代前半の男性をターゲットにしているファッション誌に載っていないからだ。思いつくままに雑誌名を挙げてみると、MEN'S NON-NOやsmartやBOON……これらの月刊誌でルイ・ヴィトンの広告を見た記憶はない。たまに「クリスマスに贈る小物」のような特集記事に財布なんかが登場するくらいだ。

なぜ載っていないのだろうか。

このことについてルイ・ヴィトンのPR担当の方にお話を伺ってみると、どの雑誌にどんな製品を掲載するかというのは、雑誌側との双方のイメージのすり合わせによって決まるとのこと。雑誌にはそれぞれの雰囲気や読者層があるから、それに合った製品（デザインや価格帯）が掲載されることになるようだ。やはり、僕らが読むような雑誌と、ルイ・ヴィトンは縁が薄いようだ。コンビニでファッション雑誌を立ち読みしまくる僕が「ヴィトン流行ってないなー」とか「ヴィトンは普段着に合わなそうだなー」と思ってしまうのは、このことが原因のようだ。

ルイ・ヴィトンの財布や小物類を持っている男子は結構いると述べたが、小物類は普段街を歩いていても表に見えないのでわかりにくい。一方、ルイ・ヴィトンのカバンは持ち歩くとよく目立つ。しかしそんな男子にはめったに会わない。めったに会わないだけに、見ると印象に残る。

BSE騒動で牛肉が輸入禁止になる前のある晩、僕は一人で吉祥寺の牛丼屋にいた。上京して今にいたるまで、食べた牛丼は数知れず。ふと顔を上げると、カウンターの向かい側の男と目が合った。僕と同い年くらい。……茶色い。チョコレート色に焼けた肌、肌より明るい髪の毛、茶色のレザージャケットに黒のタートルネック。並盛と味噌汁をたいらげたその男は勘定を済ませて立ち上がった。ダメージ加工のジーンズ。そして彼が足元から取り出した、ルイ・ヴィトンのボストンバッグ。そのモノグラム模様は、持ち主と同じくらい茶色かった。

創業者のルイ・ヴィトンさんや、モノグラムを考えたジョルジュ・ヴィトンさんは、自分の創ったカバンが牛丼屋に持ち込まれても怒らない。ごはんつぶの落ちている床にポイと置かれても安く見せない。ルイ・ヴィトンは懐が深い。

自分の周りの男友達にルイ・ヴィトンを持っているか尋ねていると、ルイ・ヴィトンの偽物を使っているという奴がいた。両親が韓国旅行のおみやげに買ってきたという。

「見せてくださいよ、それ。（茶色い二つ折りの財布。細かいひび割れ模様の革。LVマークがワンポイントで入っている）……見たことないラインだよ、これは（笑）」

「だってパチもん（＝偽物）やもん」

「パチ・ヴィトン？」

「パチ・ヴィトン（笑）」

「これ……使いやすいの？」

「いや、使いにくいな」

「使いにくいの！」

「でも唯一ええ点があって、これ自己主張が強くないわけや。『これヴィトンやでー』って言って（他人に）見せん限り、みんなこんなマーク（LVマーク）に気づかんから、だからモノグラムとかと違ってヴィトンヴィトンしてなくて……普通に使えてええかな」

「ジミ・ヴィトン？」

「ジミ・ヴィトン（笑）。ま、ほんまにヴィトンかよく知らんけどな。ヴィトンにこんなデザインがあるんかどうか知らんわ」

「偽物やからね……それいつごろもらったん？」

「去年の今ごろ……かな？　ちょうど一年前ぐらい」

「仕送り？」

「いや、じゃなくて、米と一緒に」

「米と一緒に送ってきたん？　荷物と一緒に？」

「いや、（親が韓国に）旅行に行くっていうんは知っとったけど。旅行から帰ってきたら『米を送るよ』って話になって、でまあ、それと一緒におみやげが入っとったと。……開けてビックリ」

「開けてビックリ。『ヴィトンやん、これ！』って」

「そうそうそう。まあでも（荷物が）こっちに着く前に電話で言われとったんやけど。『送ったよー』って。『おみやげも入っとるから。ニセモノやけどなー』って。ちなみに（財布の）お値段は三〇〇〇円やったらしい」

「（笑）……で、使ってると」

「そうそうそう。ありがたく使ってると」

「なんでそういうの使ってんの？」

「や、もう一個の財布がボロボロやったから」

「偽物でもいいの？」

「うん。俺的には」

「直接（他人の目に）見える物が、例えば靴とかが偽物やったら？」

「いや、べつにだから偽物やと知って（身に）つけるぶんにはええんや」

「他人に（偽物を身につけているのが）バレんかったらええん？」

「いや、じゃなくて自分が（偽物に）だまされてなければ」

「じゃあどうする？　周りの人が『彼、ニセモノ持ってるわー』みたいな」

「や、べつにわかってもええけど」

「あ、いいの？」

「うん。ようあるやないか、そんなん」

「偽のエアマックスとか」

「そうそうそうそう。だけん（＝だから）偽物やとわかって履いてたら、それなりの履き方みたいなんがあるやんか」

「偽物やとわかって履いてたら自分はええけど、他人が見たら『あ〜こいつ知らんのちゃうか、ニセモノやって』って思うんやない？」

「ああ。それはそれでおもっしょくて（＝おもしろくて）ええんちゃうかな」

「そういう人間やと思われるんやで」

「うん。それはそれでおもっしょくてええんや」

「（笑）それでいいのか……そっか。俺は嫌やなあ」

偽物でもいいらしい。財布はブランドより機能性が大事だという。名を捨て実を取る男。彼も懐が深い。

ところで、ルイ・ヴィトンといえばモノグラム柄のカバンというイメージが強いけれど、そのカバンを持っている女の子を男子はどんな目で見ているのだろうか。鋭い刀で世相を切る別の友人に聞いてみた。


「ルイ・ヴィトンのバッグでさ、モノグラム模様ってあるじゃん？」

「あれ最悪ですね」

「最悪ですか（笑）」

「あれ最悪でしょ」

「ああいうのを持ってる人どう思う？　カバンとか」

「あのー……馬鹿です」

「！　馬鹿ですか」

「あのー最初にね、あの（モノグラム）模様を思いついた人はね、センスいいと思いますよ。それをね、もう今そこらへんの馬鹿な女がね、持ってるような。ええ、もう何も考えずに持ってますよ。それに関してはね、もう馬鹿としか言いようがない」

「ああいうブランドを持ってる人は『私は馬鹿です』って言ってるの?」

「ああ、もうそうだと思います」

「いいのかそれで……」

「だってね、例えばそのー、だから一切その商品の価値っていう面において、その商品を評価してないってわけでしょ。僕ぁ、そう思うんですよ。あの変なバッグについてはね。それにもかかわらず、その名前だけでお金を払ってるわけでしょ」

「そういう人たちはなんでそういうのを買うの? 私は経済力があります、と見せたいのか、それとも『それなりの格好』という意味で買ってんのか……」

「その二番目の意味だと思いますよ。でもあのーちょっと馬鹿だからね、馬鹿だから(笑)、だからつまりあのー、それ以外にもうやりようがないんですよ。ほんとにセンスある人だったらね、僕も知らないけどね、誰も知らないようないいやつ選びますよ。自分で何か価値を見つけだしますよ」

「いやーでも俺もさ、例えばすんごいいいジャケットとかカバンでもさ、東ヨーロッパのどこそこので、とか、アジアのどこそこの、とか言われてもわかんないじゃん。だから(ブランドの)名前を言ったら『ああー知ってる』っていうところのを買いたいかなあ、と。だからみんなに一発で知られたくないけど、（ブランドの）名前を聞いたら『ああー知ってる』って言われるような……」
「あーまあ、それはだから、例えばそのー、ほんとに馬鹿な人はね、もう名前だけで買いますよ。だから君はその中間ぐらい（笑）。ほんとに賢い人はね、もう一切ブランドは関係ないかもしれない」

やたら毒を吐いているけど、ブランド物に何か苦い思い出でもあるのか。貢がされた経験でもあるのか。

物を買い、身につけるきっかけは、その物が持つ「物語」に共感することだと思う。ルイ・ヴィトン ジャパンの秦社長が、ご自身の著書『私的ブランド論』で述べているリアル・ブランドの条件（歴史・伝統・技術・哲学・美意識・品質と保証）は、ブランドが語りかけてくる六つの物語だ。

男はどこかマニアックな性質を持っていると思う。だから、何らかのこだわり、つまり物語のある物を手に入れたい。ルイ・ヴィトンはそれに応えてくれる器を備えている。

しかしながら僕らから見ると、まだルイ・ヴィトンには「美女効果」がない。みんなが好きな人や物を、自分も好きになってしまう効果。すいているラーメン屋より、行列のできているラーメン屋の方がおいしそうに見える、あの感じだ。それはやっぱり、持っている男子学生もいるとはいえ（これも僕にとっては意外なことだったのだが）、積極的にルイ・ヴィトンを持とうという友達が少ないからではないかと思う。

一方で、どちらかといえば、みんなが持っていないものが欲しいという気持ちもある。ジーンズを長く穿いて自分だけの色落ちに仕上げたり、宝探しのような感覚で一点物の古着を手に入れる方が楽しい。だから、もしルイ・ヴィトンを周りの男子が持っていたとしたら、みんなが持っているから自分が持っても安心、ではなく、みんなが持っているから気まずいのではないかとも思う。もし、いつかルイ・ヴィトンを持ったら、周りのみんなが持っていることによる良し悪しとは別の次元の、品質の良さや長持ちする……といった別の価値を見出すのかもしれないが、なんてったって今はまだお金がない。

でも、自分のお金を出して手に入れたいとは思わない、と言ったけれど、もし誰かがルイ・ヴィトンをプレゼントしてくれるなら、喜んでもらってしまう自信がある。女性に好感度が高い女優さんが男子に人気があるとは限らないけれど、その女優さんと知り合って告白なんかされようもんなら、喜んで付き合う！　そんな妄想とよく似ている。

社会人になり、お金の余裕ができ、大人のおしゃれに目覚めたら、ルイ・ヴィトンと付き合えるかもしれない。今はまだ小僧だ。

第五章

ブランドにいかにして染まるか

野﨑景子（教養学部三年）

親愛なるルイ・ヴィトン　私はこうして貴方の虜になった

あなたはルイ・ヴィトンがお好きだろうか？

ルイ・ヴィトンといえばブランドの中のブランド、日本でも世界でも圧倒的な売り上げを誇っている。「犬も歩けばモノグラムにあたる」状況は、誰もが肌で感じているのではないか。

しかし、正直に言うならば、私はルイ・ヴィトンがあまり好きではなかった。あれだけたくさんの人が持っているのに、なぜさらに自分も買おうとするのかが理解できなかったし、日本人の横並び結果平等主義を見せ付けられるように感じていた。よく、ブランド物（高級ブランドの商品）は「非日常」を求めて買うものだといわれるが、ルイ・ヴィトンの場合はユニクロ並みに「超日常」である。

ならばなぜルイ・ヴィトンは売れているのか？　ルイ・ヴィトンの力とはいったい何なのだろう？　これが私の出発点だった。

まず私は、ルイ・ヴィトンの大ファンで大学生ながらルイ・ヴィトンの商品を一〇個近く所有している友人に、単刀直入にインタビューしてみた。

――ヴィトンって、みんなが持ってるし、かぶったりしたら嫌じゃないの？

「別に気にならないよ」

気にならないのか！　これが第一の衝撃だった。もちろん、ルイ・ヴィトンの商品の多様さからいって、全く同じ商品を持ち合わせる（かぶる）ということがなかなかない、という理由もある。しかし、アンケートでルイ・ヴィトンが好きだ、と答えた女性たちは全員が、たとえ全く同じ商品をおそろいで持ち合わせてしまったとしても、「それは仕方ないから」気にならないのだ、と語った。

多くのルイ・ヴィトン・ユーザーがそのような考えを持っているとすれば、ルイ・ヴィトンは世界中の人が一人一個持ったとしても売れ続けることになる。私にとっては、「みんな持ってる」という現象はルイ・ヴィトンに対するマイナス感情につながっていた。「みんな持ってる」、だから私も……という、うら寒い横並び的な図式もあるにはあるのだろう。しかし、多くの人は「みんな持ってる」ということに関係なくルイ・ヴィトンを買っているのかもしれない。ならば私はルイ・ヴィトンの魅力をもう一度真正面から捉えなおさなければ、そう思った。

そうした中で、私はある言葉に注目した。先ほどとは別のあるインタビューの中の一言である。

「ヴィトンは正規店でしか買わない。偽物が気になるのもあるけど、ヴィトンのお店に行くと、私みたいな小娘にも本当にていねいに接待してくれるから、ヴィトンは高いけど、それを考えると定価で買っても高くないんだよね」

この言葉が象徴するように、ルイ・ヴィトン消費者の中では、どうせ買うなら正規店で、というひとつの風潮がある。値段だけを見ればセレクトショップなどのほうが安いし、一定以上の店であれば鑑定がつくので、偽物をつかまされることもほぼない。消費者は、ルイ・ヴィトンのショップに行って、店舗の雰囲気を味わい、手厚いサービスを受けることを目的としているのだ。

では、ルイ・ヴィトンの店舗の魅力とは何なのか。ほかのブランドと何が異なるのか。

実際にルイ・ヴィトン、エルメス、ユニクロの三つのブランドの店舗に行って調べてみた。公正を期すため、すべて単独でビルを構える店舗を選び、時間も平日の夕方に統一した。では、ひとつひとつの様子を見てみよう。

まず私が向かったのはエルメスである。

銀座の一等地に堂々と構えられたガラス張りのビルは、床面積は広くないとはいえ、迫力十分だ。入りづらい。その原因は入り口の構造にある。二重扉になっていて、外側にスーツ姿の警備員が立っている。近づくと「いらっしゃいませ」と腰を曲げて快く入れてくれるのだが、通行人がふらっと立ち寄れる雰囲気ではない。しかし入らないことには始まらないので、なんでもないふうを装って入ってみる。内側の扉は開いている。

入ってみると今度は非常に居づらい。店内を見渡すと、こちら側（客側）の人数に対して、向こう（店員）があまりにも多い。わずか四人の客に対し、店員が八人、スーツにセキュリティーの腕章をした警備員が二人いる。さらに、店内に全く音がしない。普通、どんな店でもBGMがあるものだが、エルメスにはそれがなく、聞こえるのは客同士がささやきあったり、店員が案内をする声だけである。床がじゅうたんなので足音もしない。無音というのはかえって圧迫感があるもので、私は高校のころ通った予備校の自習室を思い出してしまった。

店員さんたちは平均年齢三五歳くらいだろうか。全員壁際に立ってガラスケースの向こうでほほえんでいる。白のニットにエルメスのスカーフが映えて、お姉さまといった風情である。スカーフの値段を聞くと親切に教えてくれたが、新調とはいえGジャンとスニーカーでは居心地が悪くてすぐに出てきてしまった。

次に、ユニクロである。こちらは渋谷店に行ってみたのだが、エルメスとは大違いで全くのリラックス状態であった。

まず、入り口からして違う。さきほどのエルメスが幅一メートルくらいの二重扉だったのに対し、こちらは三メートルにわたって観音開きになっている。開放的なものだ。店内は床から天井まで白く塗られていて、健康的で清潔な印象を受ける。圧倒的に違うのはフロア全体に棚が設置され、商品がすべて自由に触れられるように平積みされているところだ。値札も外に堂々と表示されている。九八〇円からだから、エルメスの革製鞄の単価の千分の一くらいだ。

店員たちはユニクロのシャツにズボンと動きやすい靴が規定らしく、みなそのような格好をして、首からは店員であることを示すカードを下げている。ヒップ側につけるウエストポーチをして、いろいろなものを入れて歩いている人が多い。徹底的にカジュアルで、胸元の証明書がなければ客だか店員だか分からないくらいだ。実際、ある年配の女性が、扉のところに立っていた二〇歳くらいのジーンズにTシャツ姿の女性を店員と勘違いして話しかけ、邪険にされていた。

それもしかたのないことで、フロアはエルメスの四倍はあるかと見えるほどなのに、店員はレジに三人と試着室に一人しかいない。やっていることといえば、ひたすらレジ打ち、または客が見散らかしたあとの服をたたんでいる。一人に話しかけて、商品の紹介をしてもらったあと、「今日は手持ちがないのでまた来ます」と言うと、服をたたみながら、「あーい！」と元気よく言われた。みな年は二〇代前半だろうか。アルバイト時給一〇〇〇円から、という張り紙がしてあった。

エルメスとユニクロがあまりに違うことはよく分かった。では、ルイ・ヴィトンはいったいどのようなのだろうか。エルメスに近いのか、ユニクロに近いのか。

ついに私はルイ・ヴィトンの店舗に足を踏み入れた。

ルイ・ヴィトン表参道店はとにかく広い。入り口の左右に設置されたスクリーンでは最新シーズンのショーの様子が放映され、スーパーモデルたちが闊歩している。この建物は、外観のデザインを気鋭の建築家、青木淳氏に依頼、ルイ・ヴィトンのシンボルであるトランクを積み上げたような八階建ての構造をしていて、華やかな表参道の中でもひときわ目を惹く。

入り口は非常に開放的である。扉はもちろん両開きで開きっぱなしになっていて、ユニクロとフロア当たりの売り場面積はほぼ変わらないが、入り口はむしろルイ・ヴィトンの方が広い。内側にセコムの制服を着た警備員が立っているが、にこりとして「いらっしゃいませ」と言ってくれるのは親しみやすい。表参道を散歩している途中でもふらりと立ち入ることができるだろう。

店内にはゆるやかな音楽が流れている。ジャンルはなんというのだろうか、リズムと水が流れるような旋律が融合した現代的な音楽である。空間が贅沢に使われていて、中心に新作のバッグがガラスケースに入ってディスプレイされている以外は、視界をさえぎるものはない。壁に沿って革製の鞄や財布、絹のスカーフが展示されている。思わず近寄って触れてみたくなるが、ガラスケースに入っているのでさっと手を伸ばすことはできなかった。

店内を見渡してみると、若い人が多い。平日の午後七時ごろという時間帯のせいもあるのかもしれないが、一階、二階、地下と歩いてもその印象は変わらなかった。店舗の奥に置かれた大きなソファに、デニムのミニスカートをはいた原宿系の若い女性が座って、半分脱いだネオンカラーの靴をぶらぶらさせていた。地下ではネクタイが平台の上に並べられていて、チーマー風の、つなぎにサングラスの少年とその彼女らしきカップルが、値段を見ながら次々とネクタイを物色していた。

そのような中で、販売員たちの態度は完璧といってよかった。年はみな二〇代後半くらいだと思うが、言葉遣いも服装も、一点の乱れもない。ちょうど春物のスタート時期で、みな淡いピンクのシャツにグレーの太目のパンツというたちだ。

私は、以前この表参道店に来たときに目にした、いかにも日本的な光景を思い出した。

塵ひとつなく磨き上げられた店内で、新作のスーツをまとった女性販売員が立っている。彼女が応対しているのは二人の奥様とそれぞれの子供と思われる二人。しかし、奥様たちの服装は、だぼっとしたフリースの上着に、デニムのロングスカート、ナイロンのウエストポーチといったもの。新作のモノグラムのバッグを物色する彼女らに、その販売員は笑顔を絶やさず親切かつ丁寧な完璧な態度で接していた。

今回も、エルメスの三倍はゆうにある売り場に警備員を含めて店員が六人、客も六組という状況だったが、スカーフを一枚一枚出してはどの色が流行っているかまで丁寧に教えてくれたり、待たせる客はソファに案内してカタログを見せたりと徹底していて、若者から大人まで、どんな層の客にも質の高いサービスを提供していることがよく分かった。

ルイ・ヴィトンではこのリストラ時代に、販売員の正社員化を進めている。「社員になればやる気が違うから」とルイ・ヴィトン　ジャパンの秦社長は言うが、その成果がたしかに現れているようだ。

秦社長は高級ブランドに必要なものとして、歴史、伝統、技術、哲学、美意識、品質と保証を挙げた。今やブランドと一口に言っても、会社名だろうと商品名だろうと、名の売れたものならすべてブランドと言い得るようになっている。

しかし、一億二五〇〇万人の日本国民の五人に一人が持ってもなお磨り減ることのないブランド力を持つのは生半可ではないことを、ルイ・ヴィトンを知れば知るほど思い知らされる。商品、広告、店舗、およそ消費者の目に触れるすべてにおいて、一点のけがれも許されないのが高級ブランドである。それには社員全員が美意識や哲学を共有し、完璧な技術を身につけなければならない。その努力を、細心の努力を払って積み上げてきたものが、ブランドとしての歴史、また伝統になっていく。そうして一五〇年間を過ごしてきたのが今のルイ・ヴィトンなのだ。

青山にあるルイ・ヴィトン ジャパンのオフィスに行ったときも、その奥の奥まで徹底した美意識に驚かされた。事務所といっても、入り口にはアンティーク風のモノグラムのトランクが飾られていたり、メモ用紙やペーパーナプキンにまでマルチカラー・モノグラムの縁取りが入っていたりする。

社員もみな洗練されていて、頭からつま先までいつも注意が払われている。ルイ・ヴィトンの社員としてのプライドだろう。

「天国は畑に隠された宝のようなものだ」という言葉が聖書にある。深く掘ってみなければよいものは見つけられないというたとえである。しかし、たたけばたたくほどほこりが出るのが世の常であり、深く掘られることに耐えられる実力のあるものは数少ないのではないか。

同じく秦社長が経営を務めるＬＶＪグループでは、現在これらのラグジュアリー・ビジネスの経験を生かしてＣＥＬＵＸ（セリュックス）という会員制クラブをはじめている。ショップとメンバーズサロンがルイ・ヴィトン表参道ビルの六階、八階に位置し、ラグジュアリーをコンセプトに世界中から集められた高感度の商品と、エミリオ・プッチのソファが参道を見下ろしている。ルイ・ヴィトンと感性は違っても、一貫した美意識にもとづくショップ作りが、二〇万円の入会金を払っても意義があるという感覚を与えているのだろうと感じた。

ブランドはひとりの人間にたとえることができる。人間にとって最高の喜びは、思いっきり愛を受けることであり、同時に思いっきり愛することだろう。「ルイ・ヴィトン」という一人の男性が、今や世界中を虜《とりこ》にしている。

「ルイ・ヴィトン」氏の生まれはフランス、小粋なパリ育ちである。ブランド人生一五〇年で壮年期を迎える彼は、人間に換算すれば五〇歳くらいだろうか。背は目立って高くはないが、体つきは頑丈で、上等なベージュの背広がよく似合う。世界の一流といわれる人物と渡り合ってきただけあって、上品な顔立ちには年齢相応の重厚感が漂うが、きらりと光るエナメルの靴と、ヘーゼルナッツ色の瞳は、目を離したらどこかへ飛んでいってしまいそうないたずらっぽさを秘めている。

彼がはじめて日本に来たのは二六年前のことだった。ルイ・ヴィトン ジャパンの創業時、日本での売り込みのために秦社長が最も力を入れたことは、ルイ・ヴィトンの歴史を伝えることだったという。今ではインターネットのファンページには、必ずといっていいほど「ルイ・ヴィトンの歴史」というコーナーがある。インタビューの中でも、歴史の重み、という言葉が何度も聞かれた。初めて会った女性に彼がした自己紹介は大いに功を奏した。

まじめに、誠実に、丈夫な商品を作り続けてきたルイ・ヴィトンだが、彼はそれにとどまることなく、恋人を飽きさせないために毎シーズン新しいデザインやさまざまな企画をしてきた。ヨットレースへの参加などもそのひとつだ。「伝統と革新」というルイ・ヴィトンの理念は、人として魅力的であり続けるための努力である。秦社長は村上隆やジェニファー・ロペスとのコラボレーションを、「ちょっと不良っぽい魅力を見せることで、今までの優等生的なルイ・ヴィトンが好きな人に加え、より目新しいものを求める人にもアピールしたと思う」と語った。

ルイ・ヴィトンの恋人はもはや限られた貴族や金持ちたちだけではない。秦社長は日本でのビジネス展開について、「少数の人だけを幸せにしようとはもはや考えていない。ルイ・ヴィトンと価値観を共有する人全員がお客様であり、階級も所属も年齢も関係ない」と言う。

インタビューで女子大生が語った言葉の中で印象に残っているものがある。「（ヴィトンを買うのに）何か特別な権利が必要なわけじゃない。お金さえあれば誰でも買う権利がある」。

ルイ・ヴィトンを語るとき、その売り上げの三分の一を日本が占めていることは無視できない。日本でなぜこれほどルイ・ヴィトンが売れるのか。その問いが何度も繰り返されてきたが、簡単に言えば日本国民が平均的に金持ちだということだろう。欧米では階級や身分というものが厳然と存在しているという。ルイ・ヴィトン　ジャパンの社員によると、フランスではたとえお金があったとしても、タクシーの運転手の息子は絶対にルイ・ヴィトンを買わないそうだ。自分には似つかわしくないから、と彼らは言う。

それがいいことかどうかはともかくとして、日本ほど平等で、かつ裕福な国は世界にも例がない。だとすれば、日本における爆発的なルイ・ヴィトン人気を、日本人の「みんなと同じ」を求める国民性のせいだと考えたり、また、いまだに西洋にあこがれて虜になっているのだと考えたりして、恥の意識を持つ必要はないのではないだろうか。

広がり続ける顧客数がブランドの大衆化を招くのではという危惧についても、必ずしも大量生産によって価値性が下がるとは限らない、と言える。ルイ・ヴィトンが守らなければならないのは、希少性ではなくプライドである。高級ブランドとしての歴史と伝統を、消費者に迎合することなく示し続けることが必要だ。価値を分からずに買い求める消費者が増えていくとき、ブランドの価値は落ちていく。だからこそルイ・ヴィトンは、手間のかかるオーダーメードの受け付けを今でも続けているのだろう。

秦社長は「たくさんの人が持つこととユニークさは関係がない。『みんなが持っていないからほしい』というような、見せびらかしの考え方をブランドとして持ちたいとは思わない。そういう人はうち(ルイ・ヴィトン)と価値観を共有していない。いずれにせよ時が経てば新しいブランドに移り、去っていく人たちだ」と言う。

他人に見せびらかすためにはじめた恋は長続きしない。ルイ・ヴィトンはそのことを理解した上で、移り気でない本当の想いを抱いてくれる人のためにひとつひとつ丁寧にバッグを作り、新しい試みを用意する。だからこそ、冒頭のインタビューでも、「(他の人とおそろいでも)気にならない」という声が聞かれたのだ。

私はようやくルイ・ヴィトンの喜びを発見した。今の時代、少なくとも先進国においては、物質的な充足はすでに得られ、人々は実用的な価値観を離れて、楽しさや感動、驚きといった精神的な世界での幸せを求めるようになっている。

秦社長はかつて、高級ブランド・ビジネスを「吉本興業」にたとえた。人の心を動かし、感動させ、満足させる。広い意味でのエンタテイメントだからだという。

ルイ・ヴィトンは消費者という恋人に対して、一度も相手を失望させることがないようにと一五〇〇年間想いを尽くしてきた実績を持ち、かつ、いつでも相手を新しい喜びでもってもてなそうと待ち構えている、一人の男性である。しかし、どんな素敵な人物だとしても、傍観者でいる限りはその人から喜びを得ることはできない。その胸に飛び込んでいってはじめて、最高級のもてなしと愛を受けることができるようになる。

あなたがもしルイ・ヴィトンという喜びを手に入れたいのなら、必要なのはバッグひとつ分のお金、それだけだ。

第六章

謎のルイ・ヴィトン・コミュニティ

ヴィトンの秘密・日本人の秘密

浅野玲子（法学部四年）

一・目的

「ルイ・ヴィトンはお客様を選びません」

ルイ・ヴィトン ジャパンの社員の方にお話を伺っていると、このような主張が見られる。その論理は単純明快である。ルイ・ヴィトンには様々な種類の商品があり、様々な人のニーズを満たすため、ルイ・ヴィトン・ユーザーはこうであるという類《たぐい》の説明はできない。すなわち、どんな階級にもルイ・ヴィトンは適合し、持ちたい人であれば誰でも持つことができる。たくさんの人がルイ・ヴィトンを持つようになったとしても、販売量を規制すること等により、ブランド価値を維持することはしない。

こうしたことから冒頭の主張は、日本において「ルイ・ヴィトンには階級がない」という主張だと解釈しなおすことができるだろう。

しかし、私はこの主張に違和感を覚える。確かに現在の日本において、階級はもはや存在せず、ルイ・ヴィトンは誰もが持てるものかもしれない。さらに、ルイ・ヴィトンを持っている人にも色々なタイプの人がいるのも理解できる。しかし、ルイ・ヴィトンを持ちたくない人は、それでもルイ・ヴィトンを持たない。ルイ・ヴィトンを持ちたい人と持ちたくない人の違いが「階級」にあるのではないとしても、そこには何らかの違いがあるのではないだろうか。つまり、ルイ・ヴィトンを使用する人々はこうであるという説明が可能なのではないかと思うのである。

このような視点から、ルイ・ヴィトンを使用する人々の属する集団を、「ルイ・ヴィトン・コミュニティ」と仮に呼んだとき、その特徴は一体どのようなものであるかを試みに考えてみたい。

二、検証の視点

(1) コミュニティとは何か

二十世紀のアメリカの社会学者であるロバート・M・マッキーバーは、社会集団をコミュニティとアソシエーションの二つに分類した。『大辞林 第二版』(三省堂)の定義によると、コミュニティとは「血縁・地縁など自然的結合により共同生活を営む社会集団」のことを指し、アソシエーションとは「村落・都市などの基礎社会の中で、共通の利害関係に基づいて人為的につくられる組織。会社・組合・サークル・学校・教会など。彼は家族もこれに含まれるとする。結社体」であるとされている。

この定義にしたがってルイ・ヴィトンを使用する人々の属する集団を考えてみるとき、コミュニティでもあり、アソシエーションでもあるような気がする。例えば、ある地域でルイ・ヴィトンが人気なこともあるから、コミュニティであると言えるし、少人数のサークルなどで全員ルイ・ヴィトンを使用している場合もあるから、アソシエーションであるとも言えるだろう。

この章の目的は、ルイ・ヴィトンを使用したくないと思う人と対比して、使用したいと思う人々の特徴は何かを探ることである。そこで、アソシエーションと対比して、コミュニティをとらえるキーワードが「共同感情」や「共同生活」であることと考え合わせて、ルイ・ヴィトンを使用する人々の属する集団を、ここでは「ルイ・ヴィトン・コミュニティ」と呼ぶことにしたい。

(2)「ルイ・ヴィトン・コミュニティ」の定義

これから考えていくにあたって、マッキーバーの定義から離れて、改めて「ルイ・ヴィトン・コミュニティ」の定義をしておきたいと思う。

人は成長するにつれて属する集団が大きくなっていく。幼児期にはそれは家族であり、少年期には学校などの地域であり、青年期には学習や勤労の場を求めて国単位にまで広がるのではないだろうか。グローバル化が進行する現代においては、人の属する集団は世界にまで広がっていると考えられる。後に述べるように、同年代の友人一二人に対するアンケートと日常生活の観察を中心に考えていくため、世界の中での日本という位置づけで、第三者から見てもルイ・ヴィトンを使用していると分かる人々の集団を対象としたいと思う。

そこで、ここでは「日本において、血縁・友人関係などにより共同感情を持ち、一定時間同じ場所で共同的に行動する全員が、ルイ・ヴィトンを使用する集団」を「ルイ・ヴィトン・コミュニティ」と定義する。例えば、友達同士で食事をして会計をする際にみんな財布がルイ・ヴィトンであるなど、家族や友達、仕事仲間などが、日常生活や旅行、仕事などを通じて、一定時間同じ場所で何かをしている場面を想定することとしたい。

(3) コミュニティのとらえ方

ルイ・ヴィトン・コミュニティは複数存在していると考えられ、数え切れないほどのバリエーションを持つような印象さえあるが、それらに共通する特徴をとらえるにはどのようにしたらよいのであろうか。ルイ・ヴィトン・コミュニティに属する人々は、年齢や経済力、文化性などの属性によって説明できると考えられるので、ここでは、それらの属性を要素としてコミュニティが形成されていると考えることにする。

では、どのような要素を考慮すればよいのであろうか。

ファッションに関する考察に関して、私は「オーラアプローチ」と「馬子にも衣装アプローチ」があると考えている。ルイ・ヴィトンを持つか持たないかもファッションに関することなので、この二つのアプローチでまず考えてみることにしたい。

「オーラアプローチ」とは、ファッションのポイントは身につける人自身に還元することができると考え、その人がどういう人であるかを検証することによって、そのファッションの特徴をとらえようとするアプローチである。例えば、貫禄のあるご婦人が高級なジュエリーを身にまとえば、ゴージャスに見えるが、同じものを小娘がしていたら、悲しいことにおもちゃに見えてしまうだろう。人は見かけではない、とよく言われるし、確かにそうであると思う。しかし、人間の中身が外見にまで滲《にじ》み出てくるオーラ、または雰囲気と呼ばれるものがあるのではないかとも考えることができ、この立場をとったのが、「オーラアプローチ」である。

高級ブランドであるルイ・ヴィトンにも、同じような現象が起こるのではないだろうか。多少背伸びしたおしゃれ、というものもあるが、やはり分不相応な物を持って歩けば製品だけが浮いてしまい、着こなせないのではないか、というふうに考えていくのである。

「馬子にも衣装アプローチ」とは、オーラアプローチとは逆に、ファッションのポイントがファッションの製品に還元され、どんな人であろうとその製品のイメージを共有できると考え、その製品のイメージを検証することによって、そのファッションの特徴をとらえようとするアプローチである。足元を見ればその人がどういう生活をしているか分かる、とよく言われるが、高級ブランドを持てば、高級に見えると考えるのである。ルイ・ヴィトンを持てばルイ・ヴィトンの人になれる、と考えてルイ・ヴィトンを求める、「馬子にも衣装」ならぬ「馬子にもヴィトン希望者」がルイ・ヴィトン・コミュニティの人々である、というように考えていく。

ルイ・ヴィトン・コミュニティを構成する要素を考える際、二つ目の「馬子にも衣装アプローチ」をとりたいと思う。なぜなら、オーラアプローチをとるのは、僭越《せんえつ》にすぎると感じるからである。

例えば、パサパサな茶髪のギャルが、安っぽい服に型崩れしたルイ・ヴィトンのバッグを誇らしげに持っている、と述べてみたところで、個人の主観の領域を出ず、検証にはなじまない（念のために注記しておきたいが、ギャルを軽蔑しているのでは決してない。ギャルは話してみるとけっこう面白い。色々な独特の文化を持つグループがあり、それを理解して語るのは難しい、ということを説明したいがために引用したのみである）。

それでは、ルイ・ヴィトンを使用している人たちはルイ・ヴィトンを持つことで、どういうイメージを持とうとしているのか。ルイ・ヴィトンを使用していない人たちのイメージとそれらは一致するのだろうか。

(4) ルイ・ヴィトンのイメージ

ルイ・ヴィトン ジャパンのマーケティング・リサーチ担当の方にお話を伺う機会をいただいた。そのお話の中で、ルイ・ヴィトンを持っている人と持っていない人別の、ルイ・ヴィトンのイメージに対する回答のグラフを見せていただいた。

歴史がある、高級、丈夫、かっこいい、等々の項目の中で、ルイ・ヴィトンを持っている人と持っていない人の間で唯一同じ割合で回答が集まっている項目は、「みんなが持っているもの」であった。年齢を問わず、誰もが持っているというイメージが、ルイ・ヴィトンの最大の特徴であると言えるだろう。高校生になればルイ・ヴィトンのお財布を持ちはじめ、大学生になれば鞄を持ち、社会人になっても中年になっても使い続ける、というイメージかもしれない。

「みんなが持っている」ルイ・ヴィトンを使用したいと思うか思わないかが、ルイ・ヴィトン・コミュニティに属するか否かを決めるメルクマール（指標）となり、「みんなが持っている」ルイ・ヴィトンを持ちたいと思う人々が、ルイ・ヴィトン・コミュニティに属すると推測することができる。

そこで、ルイ・ヴィトン・コミュニティを構成する要素を考える際に、「みんなが持っている」ルイ・ヴィトンを使用したいコミュニティであることに留意することにしたい。

三、ルイ・ヴィトン・コミュニティの要素

ルイ・ヴィトンを使用するという現象は、生活スタイルによって決まってくるように思える。生活スタイルの要素が、ルイ・ヴィトン・コミュニティの要素になるのではないだろうか。

生活スタイルとは、「年齢」、「経済力」、「文化性」から説明できると考えられる。年齢とともに様々な機会は増え、経済力とともに実行できることも変わり、文化性とともに選好が変化する、といった具合に生活スタイルが形成されるからである。

もちろん、各要素を細かく分析すれば、究極的には個人に還元されてしまうだろうから、ルイ・ヴィトン・コミュニティとは、要素の濃淡によってバリエーションを作ってい

るとイメージできる。以下では、年齢、経済力、文化性の順に、これらの要素がどのように生活スタイルに影響を及ぼし、ルイ・ヴィトンを持つ、あるいは持たないに到るのかを、ＡからＮまでカテゴライズして考えてみることにしたい。

(1) 年齢

ルイ・ヴィトンのイメージで既に述べたように、あらゆる年代でルイ・ヴィトンは使用されているので、年齢という要素は、ルイ・ヴィトン・コミュニティを特徴づけるものとしてはとらえられない、と考えられる。

そこで今回は、本音から見えてくるものがあるのではないかという狙いから、二〇代に年齢軸を固定し、同年代の友人一二人に行ったアンケートを中心に、年齢以外の要素を中心に分析したいと思う。

アンケートは、二〇〇三年初夏から夏にかけて、違ったコミュニティに属する人の意見を聞きたいと思い、主に学校の異なる二〇代の友人一二人（男性三人、女性九人）に実施した。そのうち八人はインタビュー形式により、四人はメールによる回答である。次の一四項目を中心に聞いた。

①名前・年齢・学校学部等・自由に使える金額・タイプ

②ルイ・ヴィトンを持っているか？
・持っているとしたらそれは何か？　どうやって手に入れたか？(自分・プレゼント)
・持っているものを普段から使っているか？
③ルイ・ヴィトンは好きか？　また、どんなイメージか？
④身近な人が持っていたら欲しくなるか？　または、過去に欲しくなったか？
⑤今後も買うか？　使うか？
⑥持っているルイ・ヴィトン製品が後何万円くらい高かったら買わないか？
　どのくらい安かったら買いたいか？
⑦モノグラムについてどう思うか？
⑧他のアーティスト（村上隆等）とのコラボレーションについてどう思うか？
⑨ルイ・ヴィトンの店に入ったのは、広告・雑誌などで前もって決めて入ったか？
⑩購入したルイ・ヴィトン製品は、広告・雑誌などで前もって決めて買ったか？
⑪ルイ・ヴィトンの広告・記事を見たことがあるか？　また、印象などはあるか？
⑫他に好きなブランドは？
⑬有名ブランドを持っていると安心するか？
⑭偽物でも持とうと思うか？

（2） 経済力

ルイ・ヴィトンは以下のアンケート結果に見るように、「高級」であるため、「高級」なルイ・ヴィトンを購入する経済力に応じて、ルイ・ヴィトンを「高級」とも感じない「A　裕福」、それに対する「C　生活で精一杯」、そしてその中間の「B　いわゆる中流（普通）」に三分類する。

「高級」なルイ・ヴィトンに価値を見出せるのは、主に「高級」なルイ・ヴィトンを欲するBであり、それを中心にAやCのグループにも広がりがあるのではないだろうか。Cのグループでも、「ヴィトンを持っていないと仲間に入れないという切実な思いから、懸命にアルバイトをする」という体験談も聞かれたし、Aのグループでも、良い品としてルイ・ヴィトンを使用することが考えられるからである。

資本主義社会に生きる私たちの生活スタイルは、経済力にも影響される。無い袖は振れないのであって、ブランド・ビジネスの基本であるプライシングに関係する要素である。

友人にアンケートを実施した際、ルイ・ヴィトンのイメージとして、一二人中七人が「高級」と回答した。七人のうち三人はルイ・ヴィトンを持っている。アンケートを実施した友人の自由に使える金額は、月に二〜三万円、五万円、一〇万円くらいに分かれていたが、その金額とルイ・ヴィトンのイメージが高級であると回答することに、相関関係は見られなかった。

一二人中五人はルイ・ヴィトンのイメージとして、「高級」と回答しなかったが、これは選択式のアンケートではなかったので、最初から高級ブランドであるルイ・ヴィトンのイメージ、ととらえて回答したと推測できる。月に自由に使える金額が一〇万円以下の学生にとって、ルイ・ヴィトンは「高級」なのである。

さて、「高級」であるルイ・ヴィトンを持とうと思うか思わないか、そこに違いが表れる。ルイ・ヴィトンを持っていない六人のうち二人は、話の中で「高くて買えない」と発言していた。

ルイ・ヴィトンを持っている六人のうち、自分で購入するのは一人で、自分で購入したりプレゼントしてもらったりするのが一人、プレゼントしてもらうのが四人である。自分で購入するエルメスやシャネルが好きな友人は、ルイ・ヴィトンを六つ持っているが、「安すぎたら買わない」とも答えていた。

プレゼントは、目的や用途などにより性質は異なるが、相手に喜んでもらえることが中心的性質であろう。ルイ・ヴィトン好きで、特注のモノグラムを含めて一三個持っている友人は、記念やお土産に母親にプレゼントしてもらうという。ルイ・ヴィトン自体は好きではないが、祖父のフランス土産に財布をプレゼントされた友人は、一五歳のときから大切に使っている。アルマを母親にプレゼントしてもらった友人は、「簡単には買えないけれど、頑張れば買える価格」と話し、「買いたいけれど買えない人もいるはずで、みんなが持っているようでいて持っていない。見渡しても三分の一くらいが持っているのでは」とコメントした。

このように、ルイ・ヴィトンを持つか持たないかは、自分で購入する他にプレゼントされる場合があることを考えると、家族を含めた経済力が関係する。ただ、生活スタイルにおける経済力は、資本の配分を踏まえる必要があるので、単に貧しいからルイ・ヴィトンを持てない、裕福だからルイ・ヴィトンを持つ、ということではないのだと思う。

不況にもかかわらず、ルイ・ヴィトンの売れ行きが好調なのも、このことを示唆していると考えられる。平成十五年版国民生活白書によると、勤労者世帯の平均消費性向は、九〇年代を通じて低下傾向にあり、九八年を底に足元はやや上昇しているものの、依然低水準にある。八〇年から二〇〇一年の間の動きを見ると、全年齢層で消費性向が低下する傾向にあるが、中でも四〇代までの年齢層は、九〇年代に入ってからの低下の大きさが目立っている。

しかしながら、ルイ・ヴィトンの売れ行きは好調である。二〇〇三年七月十九日付の朝日新聞によると、ルイ・ヴィトン ジャパンの売り上げは伸び続けている。二〇〇二年度はその前年より一五パーセント増え、一三五七億円に達したと伝えている。この数値は一〇年前の三倍を上回るのだという。二〇〇三年のNHKニュースの総集編によると、デフレ下においては、消費者は安いものよりも、高くても品質の良いものを好むようになったそうである。ルイ・ヴィトンの売れ行きが好調なのは、その影響もあるのかもしれない。

A　裕福

☆B　いわゆる中流（普通）

C　生活で精一杯

（3）文化性

結局、ルイ・ヴィトンを使用するか否かの分かれ道は文化性であるように思う。コミュニティの要素である文化性とは抽象的な表現であるが、ルイ・ヴィトン・コミュニティの場合には、以下のように①おしゃれ度、②性格的要素・価値観によって、ルイ・ヴィトンを使用するに到るかどうかがすごろく式に決定されると考えられる。それに加えて、③海外旅行頻度、④母娘関係によって、コミュニティの特徴がより色濃くなると思われる。どのような生活スタイルをとるのかという観点から考えると、理解しやすいかもしれない。

①おしゃれ度

ルイ・ヴィトンを自らの意思で使用するには、まずファッションに興味を持つことからはじまると思うので、おしゃれ度を項目の一つに加えたい。「D　おしゃれに興味あり」のグループが、おしゃれの一環として、ルイ・ヴィトンというファッションを受け入れるか否かというスタートラインにつくのではないだろうか。

では、おしゃれに興味を持つのはどういった場合かを考えると、生活スタイルにある程度の精神的、時間的余裕があるとき、と言い換えることもできるように思う。例えば、子育てに一生懸命な母親や、スポーツや勉強に青春をかけている若者の中には、おしゃれに興味を持つ余裕がない人もいるだろう。

このように考えてみると、東大の学内でルイ・ヴィトンを見かけることが稀《まれ》であることも納得できるような気がする。東大生も全体的に見れば忙しくてあまりおしゃれに興味を持たない、もしくはこれまで持てなかった人が多いのかもしれない。勉強や研究には必然的に時間がかかり、それなりの努力が必要である。学問の府で学ぶ東大生の多くは、結果的におしゃれに興味を持ちはじめるのが遅くなると考えられるのである。

法学部生が授業を日常受ける、東大ポポロ事件（当時社会問題となった松川事件を題材にした劇を演じた際、私服警官が立ち入り、学問の自由・大学の自治が問題とされた）の起きた二十五番教室で、ルイ・ヴィトンのペンケースを使っている男子学生を発見したときには、驚いたほどである。東大生と言えば、チェックのネルシャツに黒縁眼鏡というイメージがあるかもしれない。確かに入学当初はみんな同じに見え、見分けられなくて困ったこともあるが、見慣れれば見分けられるようになり、おしゃれな人もいることが分かるし、おしゃれになっていくのも分かる。

ちなみに、今回アンケートを依頼した友人は一二人中一一人が学生であるが、そのうち東大の友人三人はルイ・ヴィトンを持っていない。

☆D　おしゃれに興味あり（生活に余裕あり）

E　おしゃれに興味なし（生活に余裕なし）

②性格的要素・価値観

性格的要素や価値観も生活スタイルに影響すると考えられる。ここでは、アメリカの心理学者J・M・デュセイが、アメリカの精神分析学者エリック・バーンの開発した交流分析法をもとに開発した性格分析法で、五つの心の領域に分けて性格を分析する「エゴグラム」のようなものを想定せず、「みんなが持っている」ルイ・ヴィトンを受け入れるか否かという観点から、「刺激として認知する基準」と「刺激を評価する基準」の二つの過程に分けて、要素を考えてみたい。

周りから刺激を受けるということがあるが、自分が興味・関心のあることでなければ、そのことに触れていたとしても人はなかなか認識できず、それを刺激と受け止められない。刺激と受け止めるかどうかには、興味・関心を持つ要因となる性格的要素や価値観が影響すると考えられる。そして、その刺激として受け止めたものの評価もまた、性格的要素や価値観によって下されると考えられる。よって、性格的要素や価値観は、「刺激として認知する基準」と「刺激を評価する基準」の二つの過程で、生活スタイルに影響すると考えることができるであろう。

■刺激として認知する基準

まず、刺激として受け止めるかどうかという点であるが、ルイ・ヴィトンに関して考えるならば、ルイ・ヴィトンはブランドであるので、ブランドを刺激としてとらえるかどうかということを考える必要があるだろう。ブランドは、製品に付加価値が織り込まれているが、その付加価値を刺激として受け止めない人は、そもそもルイ・ヴィトンに興味を持たないと推測されるからである。よって「F　ブランド肯定」という要素が、ルイ・ヴィトンを使用する前提になると考えられる。

実際、アンケートを実施した友人の中で、ブランドに否定的な友人は、ルイ・ヴィトンを使用したいと考えていなかった。ブランドを「ステレオタイプ」ととらえている友人の一人は、自分はこれがいい、と自信を持って言えない人が安心材料としてブランドを持つのだと考え、ルイ・ヴィトンに興味を持たない。別の友人は、「ブランドは大人の女が持ってこそかっこいい」と考え、まだ分不相応であるので自分ではブランド品を購入しない。

天才であろう友人は苦学生で、お昼は抜いて一日二食であり、靴が買えなくて梅雨時の雨の日も穴のあいたスニーカーを履いていたが、彼はルイ・ヴィトンの存在すら知らなかった。

さて、日本人はブランド好きと言われるが、全体として日本人にはブランドを刺激と受け止める傾向があるのであろうか。中国留学中の友人にアンケートを実施したところ、日本人、中国人、韓国人の違いを話してくれ、その話は日本人がブランド肯定的であることを示唆していた。

上海滞在期間三年になるその友人によると、高級ブランド志向は今でも日本人に特徴的なことのようである。中国の市場に行くと、「ロレックスあるよ。ヴィトンあるよ」と中国語ではなく日本語で偽物を売りつけようとする光景がよく見られ、ルイ・ヴィトンの偽物を持っている日本人留学生もよく見かけるという。中国では偽物を持つ人が多いとのことで、そのために、どうせ分からないからと日本人留学生も偽物を持つそうである。実際には販売されていない製品でもロゴやタグがついていれば、そのブランドであると言い張る中国人もいるそうである。

この友人の通う大学は韓国人の留学生も多いのだが、日本人にルイ・ヴィトンを持っている人が多いように、韓国人にはポロを持っている人が多いそうである。ポロを持っているために、街で見かけてもすぐに韓国人と分かるほどだという。

この話から推察されるのは、ブランドの概念があれば、国民性によらずブランドに織り込まれる付加価値に期待する、ということである。どのブランドが好まれるかはプライシングによるのであって、日本人はその経済力によって高級ブランドへの志向があるのだ、と推察できる。中国や韓国でも今後ますます経済力が高まれば、ブランド志向も高まっていくと考えられる。

ちなみに、日本人のルイ・ヴィトン好きは有名なようである。昨秋シャンゼリゼ通りを歩いていたら、私が日本人であることを確認した上で、「制限があってもう私は買えないので、お金を渡すからヴィトンを買ってきて欲しい」と中国人に言われ、驚いた。確かに、デパートであるギャラリー・ラファイエットのルイ・ヴィトンに並ぶのも、ほとんど日本人であった。しかし、シャンゼリゼ通りのルイ・ヴィトンでは、日本人とともに中国人が多く、買い漁《あさ》るような気が発せられていて、気持ち悪くなった。

☆F　ブランド肯定
　G　ブランド否定

■刺激を評価する基準

さて、ブランドを刺激と受け止めた後のその刺激に対する評価は、性格的要素や価値観により、どのように下されるのであろうか。

「みんなが持っている」ルイ・ヴィトンを使用する人々の集団が、刺激に対して評価する基準を考えるので、ここでは、「H　マイペース」とその対極にある「I　周囲に同調する」を要素として挙げる。そしてその他にHでもIでもなく、「みんなが持っている」ことを考慮した上で判断する「J　戦略家」の三つに分類してみたいと思う。「みんなが持っている」ルイ・ヴィトンを使用するということは、素直に考えれば、Iの要素がルイ・ヴィトン・コミュニティの要素ということになりそうである。

刺激に対する評価は、ファッションでいえばデザインに対する評価ということになり、ルイ・ヴィトンでいえばモノグラムに対する評価ということになるだろうか。友人に実施したアンケートによると、ルイ・ヴィトンに肯定的な人は、モノグラムに対して「かわいい」「飽きない」「何にでも合う」「シンプルな服装に映える」など、好評である。否定的な人は、「地味」「かっこ悪い」「見飽きた」など、不評である。

その評価は純粋に価値観によるところもあり、意見が分かれるのであろうが、性格的要素もまた、その評価に影響しているのではないだろうか。自然体でいる、マイペースである、周囲を気にする、見栄を張る、など、周囲と自分との距離や、関係のとらえ方に対しての自信の有無によっても評価は変わってくると思えるのである。

自然体やマイペースの人は、あまり周囲のことは気にせず、自分の感性のままに評価を下すであろうし、周囲を気にして見栄を張る人は、周囲の評価の基準に自分も合わせて評価を下すであろう。後者の人は、「かっこいい」と思われているものを「かっこいい」と判断した方が、自分もかっこよく思われると考える、と推測できるからである。友人が、「雑誌のJJを愛読する『JJ組』はヴィトンを持っている」と評するのも、この表れであると考えることもできる。そこでは、ケインズが株式投資の例に引いた、みんなが美人と思っているような人に投票するという、美人投票のようなことが起こるのである。

H　マイペース

☆I　周囲に同調する

J　戦略家

③海外旅行頻度

ルイ・ヴィトンを「無難」なものとして購入したり、プレゼントしたりする場合もあるであろう。ルイ・ヴィトンの公式ウェブサイトによると、ルイ・ヴィトンの製品のフランスと日本の価格は、およそ一対一・四一である。こうしたこともあって、海外で購入する人も多いようである。そこで、ルイ・ヴィトンを使用するに際し、その前段階である購入する機会が多いという観点から、「K　定期的に海外に行く」という要素を、ルイ・ヴィトン・コミュニティを特徴づける要素の一つとして挙げることができると思う。

友人に行ったアンケートでは、プレゼントの場合はおみやげの場合もあり、とりわけ海外旅行のおみやげである場合が多かった。また、セゾン総合研究所が首都圏在住の二〇代から六〇代の男女一〇四八人に行った調査、「海外高級ブランドのイメージと所有実態」(回収率八七・三パーセント)によると、約半数の人が「バッグやかばん」を海外で購入している。これらのことと考え合わせると、海外旅行頻度が高いと、ルイ・ヴィトンを購入する機会が増え、使用する可能性も高くなるという点において、ルイ・ヴィトン・コミュニティを特徴づける要素の一つとしてとらえることができる、と言えそうである。

☆K　定期的に海外に行く
L　定期的に海外に行かない

④母娘関係

平成十五年版国民生活白書によると、友達親子肯定派は、二〇歳から三四歳の女性では六割に達し、母親と一緒に買い物に行く人が多いという記載が見られる。親が子供を、学生までは面倒をみるべきだと考えている人も五三・六パーセントにのぼる。また、母親が購入し共同所有するケースもあるようである。

こうしたことから、日本に特有なルイ・ヴィトン・コミュニティの特徴として、「M 母娘関係が強い」ことを要素として挙げることができると思う。母娘関係が強いと、例えば母娘ショッピングも多くなり、母親に娘がルイ・ヴィトンを購入してもらう機会も増えると考えられる。

確かに友人に行ったアンケートでも、母親からのプレゼントが多かったが、これは日本に特徴的な現象であると思われる。アメリカ人の友人によると、欧米では母娘よりも恋人同士での買い物が多いようである。そういえば、その友人が日本に来たときに、街でルイ・ヴィトンをよく見かけるのに気づいて、「日本でも若い人にヴィトンは人気なのね」と言っていたが、彼女はよく恋人と買い物に行く。

☆M　母娘関係が強い
N　母娘関係が弱い

四．ルイ・ヴィトン・コミュニティの特徴

二〇代のルイ・ヴィトン・コミュニティを平均化し、図式化してみると以下のようになるだろう。

もちろん、これは平均的ルイ・ヴィトン・コミュニティを抽象化してみるとこうなると

いった試みであり、バリエーションは他にもたくさんあると思う。ここで考えたコミュニティの構成要素は複合的要因であり、どれか一つだけをとってその性質が語られるものではない。Aのように、裕福でもルイ・ヴィトンを日常生活用品のように使用する人もいるかもしれないし、Cのように生活で精一杯でも質屋から購入する人がいるかもしれない。全てのグループの組み合わせで、ルイ・ヴィトンを使用する人がいる可能性もある。

結局はこれらのグループの濃淡により、コミュニティの色彩が決まってくるのではないだろうか。それがギャル系であったり、JJ系であったりするのであろう。

ルイ・ヴィトンがファッションを扱うブランドであるにもかかわらず、共通のファッションセンスを超えてルイ・ヴィトン・コミュニティが存在しているように見えることは、私にとっては「謎」であった。しかし、ルイ・ヴィトン・コミュニティの骨格ともいえる平均像を描いてみたところ、人間の平均的欲望がそこには存在し、さらにコミュニティを特徴づける様々な要素が加わることで、ルイ・ヴィトン・コミュニティが百花繚乱《りょうらん》のように存在している、と考えるに到った。

人は一人一人違う。一般平均人というものを観念するのは、だからこそ難しい。

それを踏まえた上で、あえて平均的なルイ・ヴィトン・コミュニティを試みに考えてみた結果、「みんなと同じでちょっとリッチな私」を演出したい、流行に敏感で自分がどう

20代平均的ルイ・ヴィトン・コミュニティを形成する要素とは？

経済力	A 裕福	B いわゆる中流	C 生活で精一杯
おしゃれ度		D おしゃれに興味あり	E おしゃれに興味なし
刺激の認知基準（性格・価値観）		F ブランド肯定	G ブランド否定
刺激の評価基準（性格・価値観）	H マイペース	I 周囲に同調する	J 戦略家
海外旅行頻度		K 定期的に海外に行く	L 定期的に海外に行かない
母娘関係		M 母娘関係が強い	N 母娘関係が弱い

20代平均的ルイ・ヴィトン・コミュニティの要素 (shaded: B, D, F, I, K, M)

見られているか気になる「平均的日本人」の像が見えてきたように思う。

二〇代の平均的ルイ・ヴィトン・コミュニティは、図を見ながらイメージしていくと、実際の経済力とはあまり関係ないように思う。このコミュニティは、みんなが「高級」としているルイ・ヴィトンを使用し、おしゃれであると思われることに満足し、みんなと同じフィールドに立っていると感じている、と描くことができるのではないだろうか。

さらに、おしゃれ度はルイ・ヴィトンを含めたトータルで決まり、ブランドであるルイ・ヴィトンを持っていないことには話がはじまらない、そんな感じすら漂っているようにも思えてくる。なんだか強迫観念めいているような気もするが、人は自分がどう見られるか気になる生き物であるから、当然なのかもしれない。

今までの経験上、大抵の人は自分がどう見られるか気になっているように思われる。複数人が写っている写真をみんなで見るときに、ちょっと観察してみるとなかなか面白いのであるが、「あ、私目つむってる」とか、「あ、俺これ変な顔」とか、自分自身についてのコメントばかりを耳にするのである。

このように、ルイ・ヴィトンはなぜ売れるかをルイ・ヴィトン・コミュニティの特徴から考えてみると、「みんなと同じでちょっとリッチな私」を演出したい、日本人の平均的コミュニティに歓迎される製品だからである、と結論づけることができよう。

五．ルイ・ヴィトン・コミュニティと大衆化

（1）疑問点

これまで、「みんなが持っている」ルイ・ヴィトンをキーワードに考えを進めて、二〇代の平均的ルイ・ヴィトン・コミュニティを抽象化する試みをしてきた。確かに、ルイ・ヴィトンを他人に認知されることで、自分自身がどう見られているかを推察することができ、「みんなと同じでちょっとリッチな私」を演出することもできるように思える。

しかし、それだけみんなが持っていたら、自分とは相容れないイメージに特徴づけられた他のルイ・ヴィトン・コミュニティがあることも考えられ、そのコミュニティと「ヴィトンを所有する私」とは同一視されたくはない、という思いが発生してくるのではないか、という疑問が生じる。人と同じでなく「個性的に」などとキャッチに叫ばれる現代においてそんなにみんなが持っているルイ・ヴィトンを同じく持つことに抵抗を感じないのだろうか、という疑問である。

友人に行ったアンケートで、ルイ・ヴィトンのイメージに関して、ルイ・ヴィトンを持っていない六人やプレゼントしてもらった四人は、「みんなが持っている」「猫も杓子も持

っている」などと答えているのに対して、自分で購入したり、プレゼントしてもらったりした二人は、「高級で長く使える」「ブランド」などと回答した。前者のように答えた一〇人は、ルイ・ヴィトンを嫌い、好きではない、興味がないと答えていて、後者のように答えた二人は、ルイ・ヴィトンを好きと答えていた。

ルイ・ヴィトンを好きな人は、ルイ・ヴィトンのイメージに「大衆化」を挙げなかった、と言えることになろう。ここに先の疑問点を解く鍵があるように思う。すなわち、みんなが持っているルイ・ヴィトンを欲しいと思うか思わないかは、ルイ・ヴィトンの大衆化をどうとらえるかにかかっているということであり、コミュニティにおける大衆化と個性の線引きの問題に還元されることになりそうである。

(2) 大衆化と個性の線引き

人は素敵でありたい、特別な存在でありたいという部分が多かれ少なかれあるだろう。それは「個性」と呼ばれるものであり、独りよがりなものではなくて、人に認められる素敵さや特別さであると思う。どんなに他人と差異化が図れても、それを理解し認めてもらえる社会に属さなければ、ただの変人になってしまう。天才と馬鹿は紙一重とは、よく言ったものである。

私たちは、普段あまり意識していないが、時代や文化の中で生きている。束縛されている、と言ってもいいかもしれない。通常、「個性」と呼ばれ賞賛を集めるものは、背景的基盤である社会が認めてくれるものであると思うが、この社会を日本ととらえるか、モード系、コンサバ系、などといった部分社会のようにとらえるかは、文脈により異なってくるだろう。そして「大衆化」は、「個性」と対立的に語れる性質のものではなく、どこまでを個性と呼ぶか、その線引きをする性質のものである、と考えることができる。

(3) 個性と文化 (大衆化から普及へ)

「大衆化」と「個性」を線引きした際に、その境界に存在するようなものが、まさに「大衆化しているもの」であり、「個性」とは遠い部分に存在するものは、「普及」と呼ぶほうがこの場合分かりやすいかもしれない。「個性―大衆化―普及」の順に並んでいるイメージである。

ルイ・ヴィトンを嫌い、好きではない、興味のない人々は、ルイ・ヴィトンを「大衆化」しているものととらえ、個性の出せないものとして敬遠する。反対に好きな人々は、「普及」しているものとして愛用する。ルイ・ヴィトンを持つ、ということではなくて、違う種類の商品を持つということで、個性を出そうともしているようである。ルイ・ヴィトンをたくさん持っているルイ・ヴィトン好きの友人は、「種類が多く、レアを持つこともできるから、みんなが持っていても不満に思ったことはない」と答えている。

日本人はみんなと同じであることを好む、とよく言われ、「和をもって尊しとなす」「出る杭《くい》は打たれる」など、耳慣れた言葉である。女子高生がルーズソックスを履いたり、ルーズソックスが禁止になると紺のハイソックスを履いたりする現象もよく語られる。おそらく、本人たちは「大衆化」しているととらえているのではなく、「普及」しているものとしてとらえているのであろう。ルイ・ヴィトンもまたしかりである。

「みんな持っていていい」という感覚は、ルイ・ヴィトンを「普及」という感覚でとらえていると推測できる。「みんなと一緒のヴィトンを持つ」ということも、「大衆化」と「個性」の線引きの問題に換言できそうである。

ルーズソックスもそうであるが、誰がはじめたのか定かではないが、ある一定の数を超えると、変人の行動から、共通の文化としての大衆化、そして普及へと移りゆくと考えられる。猿のいも洗い現象と同じであろう。猿にさつまいもを与えたところ、ある猿が海水で洗って食べ、泥も落ちて塩味がして満足そうな様子だったそうだ。それをまねした猿が数匹ずつ増えて、ある数を超すといも洗いは、そこに生息する猿全体に一気に広まったという。いも洗いは「文化」になったのである。

ルイ・ヴィトンの使用者がどうやって増えていったのかは分からないが、今は、ルイ・ヴィトンはみんなが持っているというイメージがある。自分の属するコミュニティにルイ・ヴィトンを持っている人が多ければ、それは「普及」ととらえられ、少なければ「大衆化」ととらえられるのであろう。「大衆化」は敬遠されるし、「個性」のレベルにとどまっていると「全員がヴィトンを使用する」というルイ・ヴィトン・コミュニティの定義にあてはまらない。そう考えると、ルイ・ヴィトン・コミュニティでは、ルイ・ヴィトンを「普及」しているととらえていて、「みんなが持っている」ことを「大衆化」していると否定的にとらえていない、と結論づけることができよう。

(4) コミュニティの変遷と大衆化

個性と大衆化の線引きは、属するコミュニティの変遷とともに変化すると考えられる。属するコミュニティが、ルイ・ヴィトンを「個性」としてとらえるところから「大衆化」したものととらえるところに変遷した例を、友人に実施したアンケートから二つ挙げてみよう。

学生である友人の一人は、高校のときショルダーバッグをプレゼントしてもらったが、今は使っていない。「今は使える場所がない」からだと言う。プレゼントしてもらったときには、この友人の周りに持っている人はあまりいなかったのに、今は使い勝手が悪いと言いながらも、みんなルイ・ヴィトンの財布を使っていたりして、ルイ・ヴィトンは大衆化しすぎていてブランドという感じもしなくなり、みんなが持っているルイ・ヴィトンを使うのが嫌であると言う。今一つの例は、社会人の友人についてである。学生のころは、おしゃれな友人が青のエピを持っていたり、かわいいと思った赤のエピを雑誌で夢中になって見ていたりしたが、今は「猫も杓子も持っている」ルイ・ヴィトンに見飽きて、魅力はない。

ルイ・ヴィトン・コミュニティでは「普及」ととらえられていると考えられるが、逆に「大衆化」へと変遷していくことも考えられるのではないだろうか。先ほど考えたルイ・ヴィトン・コミュニティでは年齢の軸を固定して二〇代と考えていたが、これを動かしてみると、例えば六〇代では自分が使用していたルイ・ヴィトンを娘に譲るなどして使用者が減少していき、ルイ・ヴィトンが「大衆化」ととらえられるように、変遷していくことも考えられる。

(5) コミュニティの変遷とオンライン・コミュニティ

これまでルイ・ヴィトン・コミュニティを、観察可能な目に見える形で実際に存在するものと想定していたが、メディア・通信の発達により、属するコミュニティは広くなり、変質し、複雑になっていると考えられる。インターネット上の検索サイト、YAHOO！JAPANで、「ルイ・ヴィトン　ファン」をキーワードに試みに検索してみると、約八五〇〇のページがヒットした（二〇〇四年四月現在）。

ファンが個人運営するサイトの掲示板では、「〇〇をついにゲット！　Re：△△さん、おめでとう！」といったやりとりも見られ、まさに、愛好家、ファンのコミュニティであるようである。ルイ・ヴィトンをいくつ持っているかなども語られ、ホームページはテレビで紹介されたこともあるようであった。こうしたファンのコミュニティはオンライン上のみにとどまらず、実際に「会う」オフ会が開催されていることをネット上で見ることもできる。また別のテレビ番組では、ルイ・ヴィトンの新製品を買ってはしばらくすると売り、それを資金にまた新製品を買う、という人を紹介していて、所有物ではなく、もはや消費財と化しているルイ・ヴィトンの別の側面を見ている気分になった。社会学では、オンライン・コミュニティの研究が注目されつつあるようであるが、ルイ・ヴィトン・ファンも時代の流れに位置しているようである。

ルイ・ヴィトン・コミュニティがオンライン・コミュニティをも含めて語られる日が来るのかもしれない。そうなれば、ルイ・ヴィトン・コミュニティを特徴づける要素がまた変わる可能性はあるだろう。

六．最後に

どんな言葉を用い、しぐさをし、ファッションをするか。

全ては自分をどう演出したいかということにもとづいているように思う。見た目を繕《つくろ》うという意味ではなく、ありたい自分を表現するものである、ということである。

ルイ・ヴィトンを持つか、持たないか。それも、自分をどう演出したいかを表すものであるように思う。

今回、友人一二人にルイ・ヴィトンに関するアンケートを実施したが、非常に面白かった。面白いほど、その人の人物像と一致する回答が得られるのである。将来長者番付に載る、と言っていた友人が「いいものを長く」と高級ブランドを愛用したり、目立つことが好きな友人が「どんなに安くてもヴィトンは持たない」と断言したり、回答の一つ一つがその人の纏うオーラにぴたりと当てはまり、違和感がないのである。ルイ・ヴィトンを持っている人については、「持っていそう」、と納得でき、持っていない人についてもまた、「持っていなさそう」、と納得できるのである。ルイ・ヴィトンのイメージやブランド観に関する回答も、人物像としっくりくるのである。

ここに、興味深い点が分かる。ルイ・ヴィトン・コミュニティについて、馬子にも衣装アプローチで検証し、「みんなと同じでちょっとリッチな私」を演出したい、平均的日本人像が見えてきたが、その「演出したいこと」とは、その人のオーラや雰囲気をつくるものである、と推察することができそうである。

さらに、アンケートを行った友人に関して考えてみる限り、そのオーラと、ルイ・ヴィトンを持っているかいないかが一致するように思えた。街にあふれるルイ・ヴィトンも、そういえば持っていそうな人が持っているような気がする。もともとあるブランド・イメージを求めてブランドを持とうとし、持っている人によってまたブランド・イメージができてくる。持つ人とブランド・イメージは、「ニワトリと卵」の関係であるようである。

四で試みに示したルイ・ヴィトン・コミュニティは、モノグラム・コミュニティと呼び換えるとイメージしやすいかもしれない。「みんなが持っているルイ・ヴィトン」というときのルイ・ヴィトンとは何を指すのか。ブランドに興味のない友人の言葉が示唆する。ひとしきりルイ・ヴィトンの話をした後で彼女は私に言った。「ヴィトンってあの茶色いのだよね？」。ルイ・ヴィトンに興味のない人にとってはそのような認識なのであろう。すなわち、ルイ・ヴィトンとはモノグラムなのである。

このことに気がつくと理解しやすい。確かに、ルイ・ヴィトンの製品には色々なラインがあり、オーダーメイドもできて、差異化を図ることもできるであろう。さりげなくルイ・ヴィトンを持つおしゃれな人を見かけることもある。しかし、興味のない人にまで「みんなが持っているルイ・ヴィトン」と思わせるのは、モノグラムなのである。「ヴィトンを持っていそうな人」といったときに、「モノグラムを持っていそうな人」と置き換えると実にイメージしやすい。

今春USJ（ユニバーサル・スタジオ・ジャパン）の『バック・トゥー・ザ・フューチャー』のアトラクションに並んでいた六人組の学生らしき女性のグループは、全員が同じような格好をしていた。明るいロングのストレートヘアに茶系のサングラス。白またはベージュのぺたんこ靴にパステルカラーのトレンチ。そしてバッグはモノグラム！

街で観察していれば、似たパターンの人が必ず何パターンか見つかり、複数の「ルイ・ヴィトン・コミュニティ」を発見するであろう。駅の改札口のキャッチのお兄さんたち、JJをバイブルとしていそうな女の子たち、アルバローザが好きなギャルたち、濃いメイクで犬の散歩をしているご婦人たち、ベージュ系の無難な服を着たOLたち……。そういった分かりやすいパターンに、モノグラムはなぜか「よく似合う」。

第七章

ルイ・ヴィトン　エモーショナルデザイン

中村慎太郎（経済学部三年）

モノグラムは永遠に進化する

「ルイ・ヴィトンは単にカバンを売っているのではなく、夢と感動と驚きもあわせて人々に与えていると考えています」

ルイ・ヴィトン ジャパンの秦郷次郎社長の発した力強いこの言葉を耳にしたとき、体全身が静かに震えた感動を僕は決して忘れない。昨今顕著に注目を集める「ブランド」や「ブランドマーケティング」という概念の根本を僕はここに見出した。

顧客一人ひとりの精神的な欲求をいかに満足させるか。人々の心の奥深く深くへといかに入り込むか。いわば「ブランド」経営とは、エモーショナルな充足感を中心的価値としたアプローチなのである。

かつては、そう、ほんの一〇年ほど前であれば、プロダクトそのものが保持する物理的価値の優劣が選好を左右した。他のプロダクトより、どれだけ機能性や実用性が担保されているか、ここに主眼が置かれていたのである。

しかし知価社会において、選好を決定するクライテリア（基準）は、物理的価値の優劣ではない。夢や感動、幸せや喜び、ドキドキやワクワク、かけがえのない大切な想い出や頬をつたう熱い涙……。プロダクトの未来軸で確かに息づくストーリーが奏でるエモーショナルな充足感こそが、我々の選好を大きく大きく左右していく。僕は知価社会における、このような経済的側面をエモーショナル・エコノミーと呼んでいる。

郵便はがき

料金受取人払

小石川局承認

1250

差出有効期間
平成18年10月
14日まで

112-8731

東京都文京区音羽二丁目
十二番二十一号

講談社
学芸局出版部 行

『どうして売れる ルイ・ヴィトン』

★この本についてお気づきの点、ご感想などをお教えください。

愛読者カード　『どうして売れる　ルイ・ヴィトン』

ご購読いただきありがとうございました。今後の出版企画の参考にいたしたく存じます。ご記入のうえ、ご投函ください。(切手は不要です)

a　ご住所　〒□□□-□□□□

b　お名前（ふりがな）

c　年齢（　　）歳

d　性別　1男性　2女性

e　ご職業　1会社員(事務系)　2会社員(技術系)　3会社役員　4公務員　5教職員　6研究職　7自由業　8サービス業　9商工従事　10自営業　11農林漁業　12主婦　13家事手伝い　14無職　15学生　16その他(　　　)

f　本書をどこでお知りになりましたか。
1新聞広告（朝、毎、読、日経、他）　2雑誌広告(　　　)
3書評　4実物を見て　5人にすすめられて　6その他(　　　)

g　お買い上げ書店名を教えてください。

h　関心のある執筆者、具体的内容などをお聞かせください。

i　最近お読みになった本をお書きください。

j　小社発行の月刊PR誌「本」(年間購読料900円)について
1定期購読中　2定期購読を申し込む
3申し込まない

これからのビジネスフィールドは、二十世紀の工業社会が生み出してきた利便性という価値に対して、「感動」や「共感」を中心的価値とする新たなエモーショナル・エコノミーへシフトしていくと僕は信じている。「夢と感動と驚きを与えること」を中心的価値としたルイ・ヴィトンの経営を冷静に判断することは、これからの知価社会における経営の姿を先んじて学ぶことと同値である。

知価社会において、まさしく「デザイン」は知価の源泉であろう。「デザイン」とは、エモーショナルな充足感を高める最上最高の訴求力を担保したメッセージなのである。そして「デザイン」は、ブランド・プロミス（消費者に提供するブランド価値）の視覚的象徴であり、数多くの競合から差別化する重要なビジュアル資産である。

モノが売れない経済社会の真っ只中で、ルイ・ヴィトンはまさに異端と言えよう。今や、ルイ・ヴィトンの売り上げは一〇年前の四倍に近い一五二九億円を計上しており（二〇〇三年一二月現在）、前年比一三パーセントの成長を遂げている。夢と感動と驚きを創るルイ・ヴィトンの「デザイン」は、我々を魅了してやまない。

安価なカバンが全く売れずに、一個のカバンが一〇万円を軽く超えるルイ・ヴィトンを、人々はなぜ熱狂的に欲するのか。その答えをルイ・ヴィトンのデザインにおける『伝統』と『革新』、そして『モノグラム』を切り口に探ってみたい。

モノグラムと日本人

「ルイ・ヴィトンと聞いてあなたが思い浮かべるデザインのイメージは？」

この問いかけに応じていただいた合計五〇名の学生や社会人の方々のうち、まさに四八名が『モノグラム』と答えた。五〇名中四八名……だがこれは驚くに値しないのかもしれない。

ルイ・ヴィトンのイメージを形成しているファクターとして『モノグラム』はその筆頭に挙げられよう。『モノグラム』はルイ・ヴィトンにとって、必要不可欠なシグナルを担保したビジュアル資産なのである。

人間は、特に日本人は他者の所有に大いなる刺激を受ける。羨望や焦り、嫉妬である。この刺激は購買への欲求を駆り立てる。「首位の加速度的な絶対優位性」とでも呼ぼうか。多くのメディア媒体で取り上げられる件数が多ければ多いほど、また日常の生活の中で視覚的に触れる件数が多ければ多いほど、確実に次点のプロダクトを、尋常ではない加速度をともなって引き離す。

『モノグラム』はその加速度を十二分に保持し、さらに誇示する。

世界で一番ルイ・ヴィトンが売れている国は、日本である。なぜこれほどまで日本人が『モノグラム』を支持するのか。
「デザイン」から考察した陳腐な回答として、『モノグラム』が日本の「家紋」からインスパイアされたものであり、日本人に潜在的に担保された遺伝子を強く刺激していることが挙げられるという。呉服商の孫として日本中の、いや誤解を恐れずに告白すると世界中の家紋に既に幼少時代から精通していた筆者としては、この回答を初めて耳にしたとき、ただただ首を傾《かし》げるしかなかった。

確かに、『モノグラム』をこの世に宿した二代目のジョルジュ・ヴィトンは、一八九〇年代当時のフランスを席巻したジャポニズムとアールヌーボーにインスパイアされて『モノグラム』を考案したという。だが、あの『モノグラム』を見て日本の「家紋」を無意識にでもイメージ連関できるとは、我々日本人には到底考えられない。家紋とは似ても似つかないのである。微塵も形容されていない。

先に挙げた回答は、『モノグラム』の日本における驚異的な購買欲への説明のつけ難い状況に対してなされた苦し紛れの回答、すなわち「まやかし」である。事実として、先に述べた五〇名中五〇名が、家紋からインスパイアされたという歴史的な「ストーリー」に目を丸くしていた。

では一体、僕らはなぜあの『モノグラム』に心躍らされるのか。
なぜだ――。

モノグラムの美学

焦げた茶色のキャンバス地に、燦然《さんぜん》と煌《きら》めく深い黄土の肌をした模様。ここに、饒舌を全て排した究極の本質美が誇り高く息づいている。それは何ものをも超越したミニマリズムの美学である。

『モノグラム』は四個の模様から成り立っているのをご存知だろうか。その四個の模様を常日頃から何気なくただ見ているだけでは、あなたはそれに秘められた魅力をまだ知らないのかもしれない。その各々が織り成す『モノグラム』の洗練された美しき表情を探ってみた。

これら四個の模様は独立に煌めいているのではなく、相互に依存している。正面から注視してそれらは右上から左下に、そして左上から右下にかけて流れるような正確な秩序を僕らに誇示する。ルイ・ヴィトンの象徴であるLとVのクロスした紋章が、四枚の花びらを髣髴《ほうふつ》とさせる模様に取り囲まれていっそう際立っている。花びらと、影のついた花びら

四個の紋様は整然と並び、美しいモノグラムを形作っている

がコントラストを描き、一瞬だけ僕の視覚を戸惑わせる。そして影のついた花びらともう片方の丸みを帯びた花びらが、同じ陰影のもとで鋭さと柔らかさの対比を生み出し、圧倒的な存在感を解き放つ。そう、『モノグラム』は自らが芸術の極みなのである。自らが美とは何たるかを、上質な生地の表面で自然と体現している。その美たるや、凛とした孤高の色香をかよわせるミニマリズムの象徴である。

日本人は無意識にも、総じて美に対する知見や鑑識が高い。これは日本が長い年月を経て醸成した伝統ブランドの存在が大きく影響しているだろう。西陣織や輪島塗など、稀少かつ高度な職人技術や地域的特性を継承した伝統ブランドは、今日も脈々と日本人の美意識を構成する重要な駆動因子となっている。ミニマリズムを究極的に追求した、精神性の高い日本の美の系譜が奏でる美意識は、凛然《りんぜん》とした『モノグラム』と通底している。

美がこの世に生を授かる瞬間、それは他者と融合した瞬間である。美はただそれのみでは美の威光を放たない。ミロのヴィーナスがいかに完全な黄金比を形成しようと、ダ・ヴィンチのモナリザがいかに美しい微笑みを眼前に提示しようとも、他者との融合がなければ真の煌めきは決して放たれない。他者は時にその場や時間を包み込む空気であり、また時にその背後ないしその横軸に潜む風景でもある。

『モノグラム』には、全ての他者と融合することのできるコアコンピタンスがある。独立した個の秩序無き群生よりも、集団の調和を尊ぶ日本人の無意識の価値観。控えめな紅褐色の生地は全ての他者と融合するための特殊な装置だ。ここに日本人の好む絶対的な美意識があるのだ。『モノグラム』は我々日本人の美意識の中に、非言語的メッセージとして無意識に浸透しているのである。

革新とは伝統を進化させること

『伝統』と『革新』、ルイ・ヴィトンの絶対的な首位性を繙《ひもと》く鍵はここにある。

成功する組織は、必ずミッションやヴィジョンなどの確固たる理念を堅持する。そしてその確固たる理念が組織の構成員の末端にまで全社的に浸透している。

ルイ・ヴィトンにおける理念の根幹をなすもの、それはまさに、『伝統』と『革新』だ。この対極的な両輪の存在が、ルイ・ヴィトンのドミナント・ロジック（組織を支配するルール）として輝いている。幾度の経済変革の荒波の中で、一五〇年という長きにわたり「ルイ・ヴィトンはルイ・ヴィトンである」というブランド哲学を推進しながら、長く王侯貴族御用達であるということからも担保される最上級のクオリティを維持した『伝統』を保持する。

だが果たして、『伝統』を保持することだけで顧客の欲求は全て満たされるのか。

それは違う。マクロ環境とミクロ環境の急速な趨勢《すうせい》において、顧客の欲求は激しく変遷する。そう、尋常ではない速さで。『伝統』のみを堅持するばかりでは、顧客のエモーショナルな充足感を担保することは決して成し得ない。

秦社長の「夢と感動と驚きを与えたい」という言葉は常なる変遷に対し、それをもさらに凌駕する『革新』の必要性を提示する。ルイ・ヴィトンの偉大なる『伝統』と並列し、かつ相互に依存させるため、『革新』は我々の想像を遥かに超越した力強い存在であることが絶対条件である。『伝統』の存在価値が大きければ大きいほど、『革新』に要求される案件は巨大なのだ。

その結果、この世に生を受けた革新の象徴たるプロダクトが、モノグラム一〇〇周年記念製品のセブンデザイナーズや、スティーブン・スプラウスとのコラボレーションによるモノグラム・グラフィティ ライン、ジュリー・ヴァーフーヴァンとのコント・ドゥ・フェ コレクション、ロバート・ウィルソンとのモノグラム・ヴェルニ ライン「Ｆｌｕｏ」シリーズ、そして村上隆のモノグラム・マルチカラー ラインなのである。

■モノグラム・セブンデザイナーズ

一九九六年、モノグラム一〇〇周年記念として、世界のファッションをリードする七人の超一流デザイナーが競演したコレクションである。

参加したデザイナーはヴィヴィアン・ウェストウッド、ヘルムート・ラング、アズディン・アライア、ロメオ・ジリ、アイザック・ミズラヒ、マノロ・ブラニック、そしてシビラという豪華な布陣が彩る奇跡のコラボレーションだ。斬新すぎるほどの新たな発想でモノグラムを大胆にリノベーションしている。

■モノグラム・グラフィティ ライン

ニューヨークポップカルチャー界の巨匠だったスティーブン・スプラウス。九歳から服飾デザインを手掛け、彼の斬新な発想がもたらすグラフィティアートは我々の視線を釘付

★モノグラム・セブンデザイナーズ★

ヴィヴィアン・ウェストウッド

アズディン・アライア

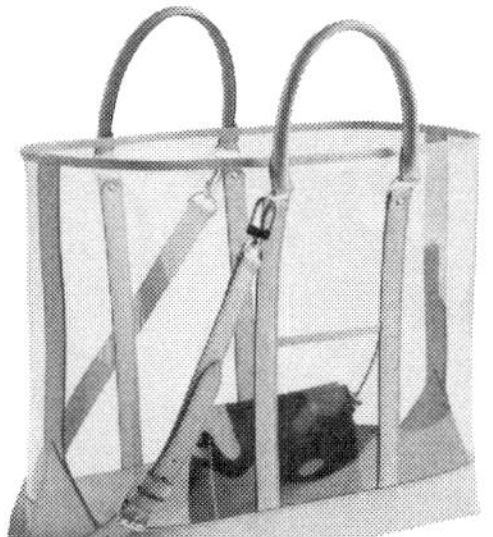

アイザック・ミズラヒ

ロメオ・ジリ

シビラ

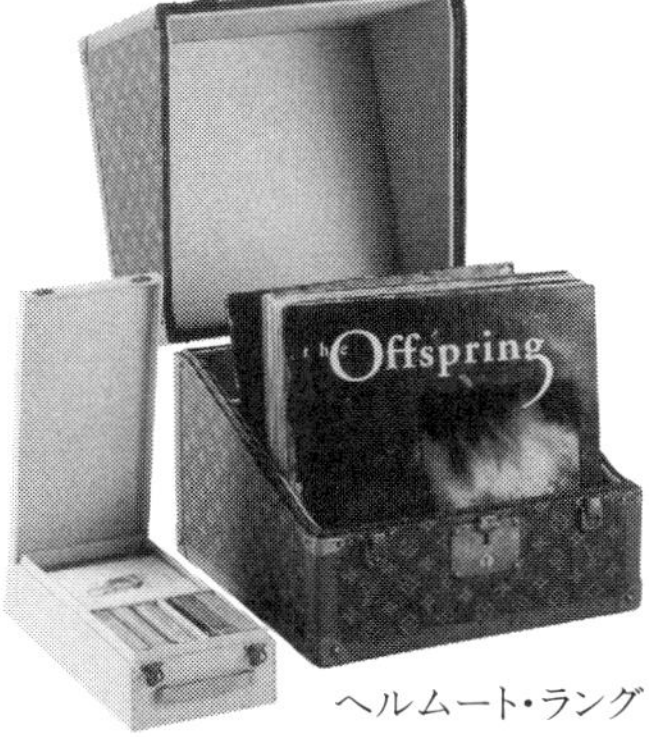

ヘルムート・ラング

マノロ・ブラニック

けにした。伝統の象徴であるモノグラムに大胆にペイントされた「落書き」は、世界中の人々の度肝を抜いた。伝統あるルイ・ヴィトンが、この奇抜で斬新なコンセプトを受け入れたことに、革新への挑戦的なメッセージを僕は強く感じた。

発表当時一八歳だった僕は、これを機にルイ・ヴィトンの描く『革新』の世界観に魅了され続けることになる。

■コント・ドゥ・フェ コレクション

イギリス出身のアーティスト兼デザイナーであり、クリエイティブな才能と魅力的なドローイングで注目を集めているジュリー・ヴァーフーヴァン。クリスチャン・ディオールのジョン・ガリアーノやマルティーヌ・シットボンのアシスタントを経た後に独立した実力派である。ファッション界を中心に今、多くの視線を集めるデザイナーだ。コント・ドゥ・フェ コレクションは、モノグラム・ミニの生地をベースに、ルイ・ヴィトンが誇るマテリアルを総動員して作り上げた贅沢なパッチワークコレクションである。彼女が放つ独特のメルヘンな世界観が大胆に表現されている。

■モノグラム・ヴェルニ ライン「Ｆｌｕｏ」シリーズ

舞台芸術界の最高峰に君臨するロバート・ウィルソン。現在に至る過去三〇年間に、ヨーロッパの舞台芸術に重要な足跡を残した演出家を五人挙げるとすれば、彼は確実にその一人と言える。妥協のないミニマリストである彼の美学は他者の追随を許さず、現在もなお欧米のクリエイティブな舞台芸術家たちに根源的な影響を与える作品を創出し続けている。ロバート・ウィルソンとのコラボレートは世界的に大きな話題と反響を集めた。鮮やかなオレンジとピンクの「Ｆｌｕｏ」シリーズは女性の心を摑《つか》んで離さない。そのバッグを手にした瞬間に、あなたの心はパッと明るくなるだろう。

■モノグラム・マルチカラー ライン 〝Eye Love Monogram〟他

東京藝術大学において日本画家としては初の博士号を修得した村上隆。二〇〇一年には彼の「Superflat」展がアメリカにて記録的なヒットを達成した。また二〇〇二年にはカルティエ現代美術財団で、個展とグループ展を同時開催するなど、名実ともに世界のトップアーティストと言えよう。

三三色を使ってモノグラムを表現したポップな「モノグラム・マルチカラー」に、彼のキャラクターでもある「目（Eye）」が加わった「アイ・ラブ・モノグラム（Eye Love Monogram）」。日本の春を象徴する桜の花がモノグラム・キャンバスに描かれた「モノグラム・チェリーブラッサム（Monogram Cherry Blossom）」。村上隆が描く桜の元気いっぱいの笑顔を見るたびに、力が自然と湧き出るのはなぜだろう。伝統的なモノグラムにまるで色の魔法がかけられたような、カラフルで独創的なコレクションが僕らの心を楽しませてくれる。

このようにルイ・ヴィトンは、多種多様な方面で活躍する第一線のアーティストと次々にコラボレーションを展開している。そしてそのどれもが、意外性に満ちている。

これらに対して、『伝統』に重心を置いて考慮する意見が多いせいだろうか、否定的な見解も多い。しかし、『革新』とは逆説的であるが、かくあるべきものなのだ。『伝統』に安住して次の一歩を踏み出せないブランド企業が多い中で、ルイ・ヴィトンのこの挑戦的な試みは特筆すべきことなのである。

「革新とは伝統を破壊することではない、伝統を進化させることである」。秦社長の力強い一言から、ルイ・ヴィトンの確かな成功がうかがえる。

なお、アーティストとのコラボレーションではないが、二〇〇三―〇四年秋冬コレクションで登場したツイーディーとダルメシアンもユニークだ。モノグラムと異素材との組み合わせが強烈なインパクトを放ち、特筆すべき革新の象徴だと言えるだろう。

コント・ドゥ・フェ コレクション

モノグラム・グラフィティ ライン

モノグラム・マルチカラー ライン
「Eye Love Monogram」

モノグラム・ヴェルニ ライン「Fluo」

ダルメシアン

ツイーディー

■ツイーディー

高貴な雰囲気を漂わせるエレガントな質感が僕らの心を摑む。光沢のあるきらびやかな素材と、茶色をベースにした落ち着いたトーンが適度に調和しており、クラシックなパーティーシーンでも十分に活躍できるアイテム。一つひとつにシリアルナンバーが入った一〇〇〇〇個限定のレアなコレクターズアイテムであり、さらなる話題と人気を呼んだ。

■ダルメシアン

驚くほどにポップなデザインは革新の旗手といえる。ヨーロッパでは人気の高い犬の種類で、番犬として多く飼育されているダルメシアン。伝統の象徴であるモノグラムを、ダルメシアンの斑点《はんてん》と、大胆にマッチングさせた。日常のファッションコーディネイトにおいては、なかなか合わせるのが難しい芸術性の高いアイテム。

多様性の奏でる魅力

人間の意識には実に興味深く、ロジカルに説明できない事実がある。それは、他者を意識し他者を模倣したい欲求と、逆に他者を意識するがゆえに他者から差異を図りたいという相反する欲求を、我々は同時に持ち合わせるからである。

「ルイ・ヴィトンは欲しい、しかし『モノグラム』は世間に蔓延しているから欲しくない」。このような意見を述べる者は、実は圧倒的に多い。先のアンケートでも、五〇名のうちの半数以上がこれに賛同している。また同様に、先の五〇名にルイ・ヴィトンのバッグを購入する際のクライテリアを聞いてみた。そのうちの三〇名以上がまさに『デザイン』に依拠するという。

ルイ・ヴィトンには豊富な製品ラインがあり、それらが『モノグラム』を敬遠する層へも計り知れない魅力を与えている。マーケットの変遷する多様な欲求を満足するだけの武器を、ルイ・ヴィトンは十二分に持ち合わせているのだ。

以下に僕が強く心動かされ、愛してやまないラインの数々を紹介したい（二〇〇四年八月現在）。

■モノグラム・ライン

モノグラムはルイ・ヴィトンのブランドアイデンティティと、その価値を誇示するメッセージである。落ち着いた茶色のトーンは、全ての他者と融合するビジュアル資産だ。ミニマリズムを体現した高い芸術性は心地よい潔さを感じさせてくれる。モノグラム・ラインは丈夫で傷が付きにくく、高い実用性も兼備した最高のアイテムだ。

■モノグラム・マルチカラー ライン

伝統の象徴たるモノグラムのモチーフを、三三色のカラーバリエーションで美しく表現した。持つ者の心を自然と明るくさせるアバンギャルドな色香を放つ。カラフルな発色がとてもかわいい。シーズンを問わず様々なシーンで活躍しそうだ。

■モノグラム・ミニ ライン

縮小されたモノグラムのかわいさが女性から多くの支持を集めている。二〇〇〇年に限定生産され、発表当時から高い人気を誇る。コットン・キャンバスの素材がカジュアルな装いを見事に演出している。落ち着いた色使いで、気軽にコーディネイトできる。

■モノグラム・サテン ライン

高級なサテン地の持つ光沢感が気高い雰囲気を放つ。モノグラム・パターンをジャガードで織り込んだ贅沢な素材を採用している。シャイニーな輝きがゴージャスな雰囲気を高らかに解き放つ。コンサバティブなコーディネイトがよく似合う。

■モノグラム・ヴェルニ ライン

エレガントな輝きを放つエンボス加工のカーフ素材に、モノグラム・パターンが刻まれたスタイリッシュかつコケテッシュなライン。廃番したカラーも含めると、現在までに発表されたカラーは全一〇色以上にもなる。他者の所有から差異を生み出す豊富なカラーバリエーションが、ヴェルニのコアコンピタンスだろう。

■モノグラム・マット ライン

ヴェルニ ラインの光沢感をそのまま維持し、より都会的なエッセンスを加えたモノグラム・マット。パステルカラーを中心としたヴェルニに比べて、モノグラム・マットはブラックやブルー、バイオレットという落ち着いた色合いでラインナップしており、よりスタイリッシュな表情を見せてくれる。

■モノグラム・グラセ ライン

光り輝く質感が新鮮で若々しいイメージとモダンな印象をもたらす。高級なカーフスキンにモノグラムのパターンを型押ししてあり、近未来的な表情を見せてくれる。ビジネスシーンを一歩飛び出して、夜のパーティーで活躍するアイテムだ。

■カバ・アンブル ライン

透明なビニール素材が発表当時から多くの話題を集めた。ビニール素材ゆえに高級感が薄れてしまうという危惧もあるが、格式高い雰囲気を誇示するモノグラムがうまくカバーしている。暑い夏にぴったりの涼しげな素材感が高い人気を呼んでいる。気軽に持てるアイテムだからこそ、大切な思い出を僕たちにプレゼントしてくれる。

■ダミエ・ライン

市松模様の奏でるクラシックな色香が人気を博している。シンプルで落ち着いたトーンは、フォーマルにもカジュアルにも調和する。女性ばかりでなく、男性からの支持も非常に高い。ルイ・ヴィトンの伝統ある歴史を感じることのできる重厚なアイテムだ。

■ダミエ・ソバージュ ライン

ダミエの色合いを明るくして、若々しい女性的な風合いを演出している。人気の高いへ

★ルイ・ヴィトンの豊富な製品ライン★

モノグラム・マルチカラー

モノグラム

モノグラム・ヴェルニ

モノグラム・ミニ

ダミエ・ソバージュ

ダミエ

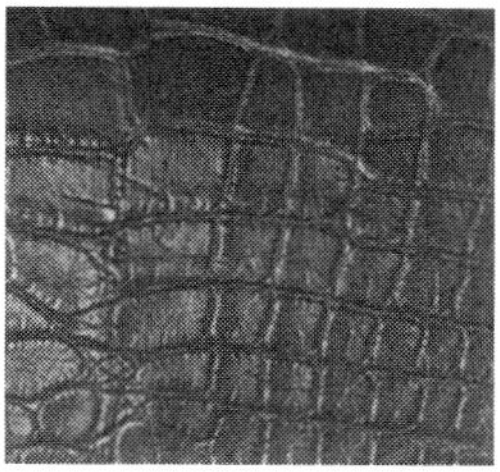

エキゾチック・レザー

エピ

ア・カーフ（仔牛の毛革）にダミエ柄をのせることにより、柔らかい表情を取り入れている。全てのアイテムには動物の名前がつけられており話題を集めた。こうしたネーミングアプローチが、実に上手に僕たちの心をくすぐるのだ。

■**エピ・ライン**

フランス語で麦の穂という意味を持つエピ。ルイ・ヴィトンと言えばモノグラムの落ち着いた茶色のイメージがあるが、それを覆すかのようなエピのカラフルな色調に多くの話題が集まった。気品あるファッションコーディネイトにはマストアイテムだ。

■**ノマド・ライン**

凛とした気品ある表情を見せてくれるノマド・ライン。傷ひとつ無い天然なめし革を使用し、高級感を十分に担保している。時間をかけて長く使えば使うほど、高貴な雰囲気が醸し出され、愛着のあるアイテムとなるだろう。

■**エキゾチック・レザー ライン**

前述のノマド・ラインとは対照的に、エキゾチック・レザーならではの野性的な肌触りが魅力的である。時が経つほどに高級感を放つオーストリッチ、リザード、アリゲーターの革を使用している。一つひとつを丁寧に作るルイ・ヴィトンの卓越した職人の技が十分に活かされたラインである。

■タイガ・ライン

一九九三年に誕生したルイ・ヴィトン初のメンズラインで話題を集めた。男性向けの小物類や、書類カバンや旅行カバンが充実している。ビジネスシーンで高い人気を誇り、男性のファッション誌では頻出のアイテムだ。クールで落ち着いた大人の雰囲気をさりげなく演出している。

■ユタ・ライン

シンプルで繊細な風合いが大人の雰囲気を醸し出す。クラシックな素材が解き放つ印象は、どこかエレガントな装いを見せてくれる。上質なレザーだからこそ実現したシンプルなデザインが人気を呼んでいる。

■スハリ・ライン

稀少で高級な素材ならではの落ち着いた風合いが人気を呼ぶ。流行やシーズンに左右されることのない、これからのルイ・ヴィトンの中核を担うラインと言える。ソフトさと頑丈さを兼ね備えた高級なヤギの革を使用しており、ずっとずっと大切に使いたい、思わずそんな気分にさせられる雰囲気を持っている。

全てが個々に確固たるコンセプトを持ち、伝統と革新を保持していることが如実に理解しえよう。

革新的で豊富なデザインは多様化する顧客の心を摑んで離さない。また同時に、革新的なデザインは、伝統の象徴であるモノグラムの存在感をより一層際立たせる。

モノグラムのライバル

これらの中で『モノグラム』に次いで、特に人気を集めるデザインが「ダミエ」「エピ」「モノグラム・ヴェルニ」である。ここではその三種類を詳細に見ていきたい。

■ダミエ

現在でもルイ・ヴィトンの偽造品は市場に溢れているが、旅行カバンを中心としたルイ・ヴィトンのアイテムが機能性と芸術性の両面で高い評価を受けるにつれ、一八七〇年代から既にその偽造品が市場に出回りはじめた。そこで一八八八年、創業者ルイ・ヴィトンは自らの「ルイ・ヴィトン」の文字を入れた市松模様の柄「トアル・ダミエ」を作り上げた。これが世界で初めて商標登録されたアイテムであるという。そして以後数年間、それはトランクの生地として活用された。

一八九六年のモノグラムの誕生以降、用いられることのなかったダミエ・モチーフだが、一九九六年にモノグラム誕生一〇〇周年を記念して再び復活した。前述のモノグラム同様、控えめで全ての他者に適合するダミエのその独特の雰囲気は、ブームを巻き起こし、もともとは一定期間の限定ラインとしての復刻だったが、その人気の高さからレギュラーラインとして定着した。ダミエはその後も進化を続け、ヘア・カーフを取り入れたダミエ・ソバージュ ラインや、エナメル加工のカーフスキンを使用したダミエ・ヴェルニライン、そして光沢感を演出したダミエ・グラセ ラインが発表された。ダミエ・ラインひとつにスポットを当ててみても、様々なシーンに応じて、デザインがコンセプチュアルに細分化されているのだ。シンプルな市松模様が自然と生み出す繊細で落ち着いた雰囲気は、気品に満ち溢れている。

■エピ

エピとはフランス語で「麦の穂」を意味し、風になびく麦の穂をイメージしている。

エピは一九二〇年代にルイ・ヴィトンで使われていたグレイン（型押し）のパターンからインスパイアされて、一九八五年に作り上げられた。伝統的な過去のクリエイションを、現代風に新たにアレンジするというこのようなアプローチは、ルイ・ヴィトンの魅力のひとつでもある。

エピはグレインを採用したことによって表面に立体的な断層が施され、色彩がツートンで構成されている。耐久性にも非常に優れており、機能美も担保された秀逸なアイテムである。発表当時は五色のみだったが、現在では豊富なカラーバリエーションがエピの大きな人気を支えている。さりげない装いに豊かさを演出するエピは、エレガントな世界観を我々に誇示する。艶やかな表面の質感が凛とした表情を浮かべており、高貴な気品が漂う。

■モノグラム・ヴェルニ

マーク・ジェイコブスの華々しいデビューは、このヴェルニとともに幕を開けた。彼独

ダミエ

エピ

モノグラム・ヴェルニ

特の若々しい感性とルイ・ヴィトンの伝統を融合させて一九九八年に誕生したのが、モノグラム・ヴェルニ ラインである。

重厚で威厳ある雰囲気を放つルイ・ヴィトンのレザーアイテムのなかで、華やかなカラーリングで表現されたモノグラム・ヴェルニは、実に革新的であり、大きな話題を集めた。発色の良いエナメル加工を施した素材に、伝統的なモノグラム・モチーフを最高のバランスでマッチングさせ、洗練された革新的なラインを創り上げた。

伝統と革新の融合の結晶であるモノグラム・ヴェルニ ラインは発売と同時に大ブレイクしたのである。ヴェルニの放つ美しいパステルカラーは、日本でパステルカラーブームを巻き起こすに至る。発売当初はソフトベージュとベビーブルーの二色のみだったが、廃番色も含めると、現在までに発表されたカラーは一〇色以上にものぼるという。

個性的に染め上げられたファッショナブルなカラーが、その光沢とともにさらなる魅力を生み出す。ヴェルニはルイ・ヴィトンの様々なコレクションにも多く取り入れられ、常に革新をリードするコアラインと言えるだろう。

未来への扉

長い年月が育んだ『伝統』は、神話性の高い誇りある権威と絶対的な信頼を築き上げた。そして、次々と編み出される『革新』は、朽《く》ちることのない新たなる可能性を誇示し続ける。ルイ・ヴィトンが持つ『伝統』と『革新』、この両者が相互に、その輝きを放ち続けているからこそ、ルイ・ヴィトンは煌めくのだ。

ブランドを構築するということ、それは長期的ヴィジョンに基づくデザイン戦略を首尾一貫して遂行することに他ならない。そしてこのデザイン戦略こそが、「感動」や「喜び」といったエモーショナルな高揚をもたらしているのである。

ルイ・ヴィトンは二〇〇四年で一五〇年もの確かな日々を刻んだ。モノグラムをはじめとするルイ・ヴィトンのプロダクトが現在、今この瞬間にもこの世に存在していること、それは偶然の産物では決してない。伝統と革新を両軸としたルイ・ヴィトンの確固たるデザイン戦略がもたらした必然なのだ。

モノグラムは偶然にして生き長らえたのではない。革新という新たな息吹がもたらした必然なのだ。

ルイ・ヴィトンのバッグを持ちながら颯爽と街を闊歩することで、落ち込んでいた気持ちが、自然と明るく輝きだす。ルイ・ヴィトンのネクタイをきゅっと締めると、いつもより背筋がすっと伸びるような凜とした気持ちになる。ルイ・ヴィトンの手帳に予定を書き込むと、ただそれだけで、その日は待ち遠しくてたまらない記念日になる。人々のエモーショナルな充足感をいかに演出するか。その最大の舞台装置は「デザイン」なのだ。

「ルイ・ヴィトンは単にカバンを売っているのではない、夢と感動と驚きもあわせて人々に与えている」。秦郷次郎社長の言葉が今も耳に力強くこだまする。

僕はふと立ち止まって未来を夢想した。夢と感動と驚きに満ち溢れた未来はなんと輝かしいのだろうか。ルイ・ヴィトンは革新の連続が創造した伝統である。革新の連続が新たな未来への扉をたたく。伝統を革新し続けることこそ、ブランドを「デザイン」することなのだ。

第八章

ルイ・ヴィトンのコミュニケーション戦略

山田聰（法学部三年）

神話と夢のキャッチボール

ルイ・ヴィトン製品は本質的に、製品自体とイメージが不可分の関係を持っています。お客様がルイ・ヴィトンで買物をする時は、手では触れることのできない神話や夢を一緒に買っているのです。ルイ・ヴィトン製品の持つこのような側面を維持することは非常に大切なことです。なぜならば、それこそが、高級品市場におけるルイ・ヴィトン社の存続とその確固たる名声を約束するまさにそのものだからです。――『ルイ・ヴィトン憲章』

一九九〇年初め、ルイ・ヴィトン家のメンバーおよび当時のルイ・ヴィトンマルティエ社経営陣が、ルイ・ヴィトンの根底に流れる価値観や基本理念を小冊子にまとめた。その小冊子、『ルイ・ヴィトン憲章』は語る。「ルイ・ヴィトン社は、同社の最も大切な資産であるルイ・ヴィトンという名の価値と名声を守るために存在します」。「ルイ・ヴィトンというブランド名は、製品の永続的な品質と独自のイメージを具現化するものである」。

イメージがブランドの生命線だ。消費者は製品自体を象徴として、現実を超越したイメージを買うのである。マクドナルドとルイ・ヴィトンとの本質的な違いがここにある。マクドナルドのような規格大量生産品は、流通量の多さや大規模な広告、規格品の安定した品質によってブランド・ネームを知名させる。この場合ブランドは、生活者にその機能と品質を保証し、購入の際の抵抗感（意思決定コスト）を小さくする「記号」の役割を果たす。

ルイ・ヴィトンにもそうした側面がなくもない。しかし本質的には、ルイ・ヴィトンの場合の「ブランド」は、生活者の脳内にイメージを喚起し、通常の生産コストを大幅に上回る価格で購入させることを可能にする役割を果たす。ブランド・イメージが製品販売に役割を果たすというよりも、むしろ、製品が豊穣なイメージの象徴としての役割を果たし、ブランド・イメージそのものを販売しているのである。もちろん、品質やサービスに欠陥があれば、その製品は夢の象徴足りえないのではあるが……。

新聞や雑誌上の広告から六本木ヒルズでの新店舗オープニングパーティーまで、従来、販売促進や広告宣伝が扱ってきたよりさらに広範で多様な手段を使い、顧客の頭の中にブランド・イメージを築くのが、コミュニケーションと呼ばれる仕事だ。

イメージだけではブランドは創れない。確かな品質、優れたサービス、堅実なマネジメント……などなど、安定した企業としての基盤がなければ、長期的に強いブランドを創り出すことはできない。しかし、質の高いプロダクトを発売するだけでは、顧客を夢の中へ連れて行くことはできない。ひとたびビジネスを確立し、使用者の間での名声を勝ち得たならば、それをキープし加速させるために、イメージの戦場に突撃することになるのだ。

広告でブランドは創れない。ブランドを守り育て、さらに一段高い地平まで連れて行くのはコミュニケーション戦略だ。

「ただの鞄なのに、なんでHERMESの六文字が入るだけで六六万円もするの?」

そうした驚きを惹き起こすブランドのパワーの本源。ブランド・イメージはどのようにして築かれるのか?

代表的なイメージ創成の現場、ブランドと顧客との間で交わされる思惑のキャッチボールを眺めてきた。ブランド側からはどのようなボールが投げられているのだろうか。そして顧客側はそれをどのように受け止めているのだろうか。

以下の記述は、ブランド側としてルイ・ヴィトン ジャパンのコミュニケーション部門の方に、顧客側として都内の大学に通う女子大生に、それぞれ伺った話をもとにまとめさせていただいた。

コンセプト×イメージ

ルイ・ヴィトンのコミュニケーション(プロモーション)戦略の普遍的/基本的なコンセプトには、大きく三つの柱があるという。

①「伝統と革新」両面からのコミュニケーション
②旅のエキスパートとして、「トラベル」というキーワード
③全世界で共通のディレクション（方向性）

世界中どこに行っても、どんな媒体でコミュニケーションをとっても、この三点をコアとして顧客とのコミュニケーションが進められている。それに対して……

――ルイ・ヴィトンのイメージってどんなもの？

街行く人々、ロゴのバッグ、パリ、誰もが持ってそう、流行、海外旅行先でのお土産、欲しい、丈夫、モノグラムには特に流行はない、いつか自腹で買う、プレゼントされたい、高い、好き、なんとなく、ずっと使える、高価、有名、みんな持ってる、手裏《しゅり》剣《けん》、お財布、ギャル、外人の方が似合う、秋、けやき並木、モノグラム、高そう、偽物、一日に一回は必ず見る、お金のある人が買う、伝統、頑丈丈夫、ボストンバッグ、カラーが変わった、村上隆とのコラボはよくない、老若男女、耐久性、高級、高い、丈夫、贅沢でいつまでも使える、長持ちする、全ての人の憧れ、定番、ハイブランド、ブラウン、上品、洗練、まじめ、頑丈、日本人は誰でも持っている、エピ、成金、趣味が悪い、……エトセトラエトセトラ　――都内の女子高生、女子大生、その他の生活者から見たイメージ

核心に絞り、深い意味を湛えるが、シンプルなコミュニケーションのコンセプト。イメージという主観的で、多様で、移り気な価値をブランドに最適なものに昇華し、つなぎとめるのは容易ではない。

ルイ・ヴィトンのコミュニケーションの特質はこうだという。一五〇年の歴史と熟練の技術を中心とした伝統的な老舗ブランドの「格」。そこに、美的側面やイベント面において革新的なサプライズ、楽しい遊び心を絡め、ルイ・ヴィトンの多面的な魅力を表現する余裕のあるコミュニケーションを展開する。この「伝統と革新」という、強力だが抽象的なコンセプトを縦糸に、汎用度は高いがより具体的な「旅」というコンセプトを横糸として通すことにより、インパクトが大きく、かつ幅広いコミュニケーションを紡いでいる。「旅」は明示的に前面に出ることは多くないが、しばしばコミュニケーション表現の背後のテーマとなっており、多様なコミュニケーションに一貫性を与えているのである。

加えて、多くのヨーロッパのラグジュアリー・ブランドと同様に、全世界で全く同じコミュニケーションの手法を共有していることで、美のブランドとしての統一性を築いている。洗練され敷居は高くないが格調高い、ルイ・ヴィトンからのメッセージ。

対して、生活者の持つイメージは下世話で世俗的なカオスだ。顧客とのコミュニケーシヨンはルイ・ヴィトンの片思いに過ぎないのだろうか？　ルイ・ヴィトンが売れているのは、コミュニケーション戦略とは無関係な大衆の気まぐれによるに過ぎないのだろうか？

「やっぱり宣伝がうまいんじゃない？　雑誌とかにいっぱい出てて、有名人が持ってたりとか。そのわりに、ちょっと頑張れば手が出る値段のモノがある。頑張ったら手に入ると思うから、欲しい人が多いんじゃん。出やすくはないけど、手が出ない値段ではない。日本人にとっては、おんなじ値段だったら、他のよりとりあえずヴィトン欲しい、って思う人が多いんじゃないかな。そう思わせるような……みんなが持ってて、逆にすごく一般化したからこそ、持ってなきゃ変、みたいな。自分がおしゃれだと思われたい人にとっては、持ってない人はなんか疎《うと》くてー。あと、とりあえず持ってたら貧乏臭い雰囲気はないじゃん。女のコにとってみればさー、持ってれば『こんなものも持てるのよ、あたし』みたいな、いい気分になれる要素を持ってるんじゃないかな。どこの何かわからないものを持ってるよりは、どこの何かわかるものを持ってて『わたしおしゃれなのよ』って言うほうがいいんじゃない？　それぐらいみんな持ってる。あとやっぱり頑丈なんじゃない（笑）」――上智大生（二三歳）

一見、ルイ・ヴィトンの思惑とは乖離しているように見える生活者の言葉の中には、次のような一節を探し出すことができる。

「でも、ヴィトンって不思議だよね。すごい高いブランドであるにもかかわらず、なんか高校生でも持っちゃうじゃん。そういう魔力がある、っていうか。普通、例えば、エポカ・ザ・ショップとか、そういうブランドは、やっぱそれなりのVOGUE世代の人とかが買ってる気がするけど、ヴィトンは、そういうレベルの、ランクのブランドであるにもかかわらず、バッグとか、普通に高校生も持ってたりするわけじゃん。で、不思議なブランドだとは思う。グッチとかもそうだけど……なんか象徴的なブランドなんじゃないですか。なんか……なんだろ、憧れっていうか。常に憧れですよね」——上智大生（一九歳）

憧れ。大切なのは、愛は「論理」ではなく、「感情」に属する事柄であるということだ。イメージとは、合理的にはかれるものではないし、客観的に捉えられるものでもない。ルイ・ヴィトンは「頭」が買うのではなく、「心」が買うのである。言語化定式化を拒む購買意識。情動的な魅力。これらをどうやって捕まえるのか。しっかりしたロジックに拠りつつ、顧客の側にはロジックを意識させない。「夢」を買ってもらう。

意思決定コストを小さくするという、論理的な、大量規格生産品の記号作用を超えて、驚異の価格を納得させる神秘的な憧憬をどのように創生するのか。ルイ・ヴィトンと生活者の間で、ロジックは共有されていない。しかし、情動的な力を放つイメージの強さは、両者の間に確かに揺蕩《たゆた》っているに違いない。

以下、そうしたイメージがどのように創られ、発信されているか見ていこう。

コレクション＋ブランドの伝統＝コミュニケーション・ツール

ファッションとは、究極的に言えば美だ。けれど、同じモノがずっと美しくて新しいモノに買い替える必要がなくなってしまうと、商品は売れなくなってしまう。そこでシーズンによって、何が美しいイメージか、の基準が微妙にシフトする。そんな美的価値判断の基準の揺らぎがトレンド、流行というわけだ。

このトレンドや流行といったシーズン毎のイメージが集積して、顧客の頭の中のブランドのイメージが形成される。イメージに動きがなければモノは売れないが、かといってランダムに滅茶苦茶な幅で動かれたのでは生産が追いつかない。何よりイメージの核が動揺すると、その力は劣化する。一見カオスに映るファッションの世界もシステマティックに構成されている。

ルイ・ヴィトンは流行に左右されない核のイメージの強さを持つスター・ブランドである。だが、山奥で霞《かすみ》を食らう隠遁者ではない。むしろ、流行もトレンドも巧みに飲み込んで、イメージをさらなる高みに押し上げる、したたかなモンスター・ブランドだ。

ファッションの流行、トレンドというものは、色や素材など、さまざまな要素、角度から生み出される。とはいえ、流行生成の花形は、ご存知の通り、ファッションショー、コレクションだ。ファッション・ブランド、アパレルメーカー各社が次シーズンの販売予定商品をバイヤーやジャーナリスト、顧客にプレゼンテーションする。ランウェイ（通路）を闊歩するモデル。居並ぶセレブリティ。フラッシュの閃《ひらめ》き。デザイナーの登場と拍手喝采。祝祭。ファンタジー。いわゆるファッション業界の華やかなイメージがここに集約されている。ファッションに興味がない人でも、パリコレといった単語やミラノやニューヨークのコレクション風景を、目や耳にしたことはあるだろう。

形式上はこれらのコレクションがトレンド発信の最先端であり、ブランド・イメージを創るヒエラルキーの頂点に位置している。それゆえ、九〇年代のグッチの復活劇は前デザイナー兼クリエイティブ・ディレクター、トム・フォードのセクシーなコレクションを中心に語られるし、クリスチャン・ディオールの快進撃は、デザイナー、ジョン・ガリアーノのアヴァンギャルドなショーがその震源にあるように評されるのだ。

ルイ・ヴィトンも同様だ。近年のルイ・ヴィトンの躍進を賞賛するときに、アーティスティック・ディレクター、マーク・ジェイコブスの名前を外す人はいない。コレクションこそファッションのイデア（本質・原型）であり、ブランドの伝統とデザイナーの才気との純粋な露出、ブランドのイメージの核となるものだ。

だが、加工していない、生のままの美のイメージは、一般的なファッションの胃袋には消化しにくい。

「えーわからない。私、パリコレとか見ても変な服としか思わないもん。普段あんな服着ないだろう、だよ！　あのファッションを絶賛してる人はよくわからないね。なんかブランドの名前だけだよね！　なんかヤスッちく見える服もたくさんあるよね」——コレクションがあなたのファッションに「直接」与える影響について尋ねたときの中央大生の弁。

生のままの美を摂取可能にするために、日常のファッションに適合するよう料理せねばならない。芸術をファッションに調理する必要があるのだ。シェフとなるのはバイヤーであり、ジャーナリストであり、ブランド各社のコミュニケーション担当者である。ビジネス面を見れば、このシェフたちこそ、実質的なヒエラルキーの頂点である。コレクションによるイメージ更新は、実は彼らを主眼になされているのである。

生活者にとっては、ブランドの伝統的イメージこそが真の食材で、革新的なコレクションのイメージは、スパイスとして商品にふりかけられるのだろう。ブランドは、コレクションでお披露目した商品ですべての売り上げを構成しているわけではない。一般的な生活者はコレクションのプレタポルテなど買いはしないし、そもそも、コレクションの情報をしっかり見ることすら稀なのだ。

こうしたクッキングの場は多岐にわたる。ルイ・ヴィトンも非常に多くのツールを駆使しているようで、とても全ては挙げられないが、例えば新聞に広告を打つこともある。新店舗開店の際や折々に催されるパーティーやイベントも、ルイ・ヴィトンのイメージを形成する強力なファクターだ。斬新なファサードが印象的な六本木ヒルズ店のように、店舗自体も広告媒体といえるし、パーティーを彩りメディアにルイ・ヴィトンを露出させるセレブリティも、顧客とブランドをつなぐ重要なコミュニケーションのツールであるだろう。

インハウス、あるいはダイレクト・コミュニケーションと呼ばれる、顧客に直接届けられる『LE MAGAZINE』（数年前までは『LOUIS VUITTON NEWS』の名で発行）といったフリーマガジンは、ルイ・ヴィトンの製品の背景にある精神や世界観を言葉で語る。ヨットのルイ・ヴィトン カップや、ロボットによるサッカーイベント「ロボカップ」での協賛など、ひと癖もふた癖もあるメセナ活動も、ルイ・ヴィトンのイメージにアクセントを加えている。最近では、世界共通の公式ホームページ（http://www.louisvuitton.com/）も、早く、新しい情報を発信し、店舗連動型、サービス体感型の新しいコミュニケーションを提供するツールとして整備されている。

また、商品が最大の広告媒体であるともいえるかもしれない。モノグラムやダミエなどの印象的なデザインは、街やメディア上を闊歩しているし、アーティストとのコラボレーションなどイノベイティヴな試みに代表される限定商品は、メディアを騒がし、生活者の脳内にルイ・ヴィトンの名を滑り込ませていくだろう。これら諸々のコミュニケーション・ツールをそれぞれ効果的に組み合わせて、コレクションとブランドの味を伝えることが重要だ。

とはいえ、ファッション業界における最大のキッチンは雑誌である。

二〇〇三年、ファッション・アクセサリー業界は雑誌・新聞・ラジオ・テレビの四大メディアに約九六〇億円の広告費を支払ったが、そのうち約五五〇億円は雑誌に投下された（日本雑誌広告協会の発表より）。記事で扱われるトピックも含めれば、また高価格帯のラグジュアリー・ブランドに限定すれば、コミュニケーションにおける雑誌の地位はさらに高くなるだろう。ジャーナリストとブランド各社のコミュニケーション担当者は、抽象的なイメージという食材を、具体的な記事と広告というディッシュに調理して読者に食べさせる。もちろん、客は味にあれこれ言い、感想はシェフから食材提供者に伝わり、次の食材に影響するのではあるが。

雑誌というツールにおけるコミュニケーション

※なお、以降のインタビューは、ルイ・ヴィトンの顧客の重要な一類型である女子大生であり、大手ファッション雑誌『JJ』の特派記者をこなしたこともある上智大生、水原可南子さんに伺ったお話に拠った。ここで謝意を表したい。

——さて、雑誌とは生活者にとって何なのだろうか？

「起爆剤じゃないですか？　ただでさえ、女の子は男の人が好きになるー、っていうと、『きれいにならなくちゃなんない』って思うんだけど。……そういう（きれいにならなくちゃ、と焦らせる）風に雑誌が置いてあって、かわいいモデルさんがニコニコしながら『モデルですよー』ってオーラを出してるから、つい手にとって買っちゃって。買ったら服がたくさん出てて」

「なんか、しかも、『ＪＪ』とか『ＣａｎＣａｍ』、『ＶｉＶｉ』、『Ｒａｙ』は、『こーゆーシチュエーションではこーゆー格好をしなさい』とか、『こーゆー男の子をゲットするためにはなんとか』っていうのを暗にメッセージとして出してるから……出してるのね、暗に。はっきり『こーゆー男の子をゲットするためにはー』とかは言わないけど。『合コンではこういうかっこをしなさい』とか、『お食事会ではこんな服装』『サッカーに行くときはこんなファッション』とか、そういうメッセージ。例えば、『大学のキャンパスに行くときにはエルメスのなんとかを持って』とかそういうのを提案しちゃうから、『バッグが欲しい』とか言い始めて、『アクセサリーが欲しい』『フォリフォリのなんとかが欲しい』とか言いはじめて、買っちゃうんじゃん。

で、それが欲しくなったら、『じゃ、次の流行はなんなんだろうな』って思って、また次の月買って。女の子はどんどんオシャレになってってって、お金を使ってってって、っていう悪循環っていうか好循環っていうか……。

……恋愛のためにファッションがある、って言い切っちゃうとヤだけど……恋愛だけじゃなくて……女の子は友達と遊びに行ったときに、久しぶりに会った女の子に、『きれいになったね』って言われたいからってのでも頑張るの。

恋愛と友情、みたいな。友情っていうか……人の目はすごく気にする。例えば友達の中で、『このコきれい』とか『きれいになったね』とか言われるとすごい嬉しいし……。あ、競争、競争。これを、一つにまとめると競争心。『張り合っちゃえ』みたいな」

言葉でははっきり示されない。しかし、日常的に消費する具体的なイメージ。恋愛にしろ、見栄にしろ。プラグマティック（実用的）なファッション。そのために生活者は雑誌を買い、実用化されたイデアを学びとるのだ。

とはいえ、いかに日常的、実用的といった修辞句がつこうと、それは美のイメージには違いない。それは、自分勝手に創造することは避けられ、美に関する権威者から発信されたものを受容することになる。また、やがていつかは、恋や競争心といったファッションへの欲求を喚起したモチベーションが自明性の底に沈み、ファッション自体が目的になることもあるだろう。

雑誌は具体的な消費を手段として、抽象的な美を求める場なのである。こうしたところに、ブランドのイメージが生成される素地がある。「雑誌は、かわいい女の子になるためのテキストです。テキストだから権威があって、権威があるトコが言ってるから、商品を買っちゃう」。

ブランドのイメージは、雑誌においては記事、タイアップ記事（記事広告）、広告という形で露出する。これらはすべて、生活者の頭の中にルイ・ヴィトンのイメージを形成する際に大きな部分を占める。

雑誌の中には、ルイ・ヴィトンをテーマに、アーティストが選曲したコンピレーション・アルバム（CD）を付録にしたり、六本木ヒルズ店のファサードを模したクリア・ファイルに誌面が包まれていたりするものなど、アイデアと感性に溢れるものも少なくない。だがここでは、ブランドがそのイメージを最も端的に表現している、純粋な広告を中心的に取り上げたい。純粋広告の創られ方を通して、美のイメージがいかにして具体的な商品として受容されるのか、もう少し詳しく見ていこう。

■二〇〇四年春夏コレクション広告

ファンタジー・ゲームのような砂漠にて。

大地と一体化するように両手を広げて寝そべる女性がいる。砂の海に浮かぶようにトランクに身を預ける女性がいる。目を開けている女性たちは立っていて、見る者には香りしか見えない雄大さを見つめている。吸い込まれる背景の大きさを、見る者の視界につなぎとめる鞄、ジュエリー。幻想を背に負って手や肩に引っ掛けられたバッグ、セクシーな服、艶やかに光るジュエリーが輝いている。無限に広がる砂漠の空虚さに、ルイ・ヴィトンの製品と人間の存在感が映えるのだ。

二〇〇四年春夏の広告は、『ルイ・ヴィトンの華麗なる砂漠の女神』というテーマで、ドバイの近くの砂漠で撮影されたそうだ。二〇〇三―〇四年秋冬シーズンに、ハリウッドのスーパースター、ジェニファー・ロペスを起用した後ということで耳目《じもく》を集めていたモデルの選定には、当代を代表するスーパーモデル七人を集めて話題をさらった。主にフィーチャーしているのは、春夏のレディースとメンズのコレクションの製品群。コレクション・ラインという、その季節限定のシーズン商品にフォーカスし、これらを通じてルイ・ヴィトンの最新のイメージを消費者に伝える。バッグも同様に、コレクション・ラインからファッション性の高い最新のイメージのものが使われているが、それにプラスして、毎シーズン、モノグラム・キャンバスなどの定番のバッグも必ずキャンペーンに一点は加えられている。ここに、「伝統と革新」の精神を見ることができる。

広告写真を創るプロセスとしては、アーティスティック・ディレクターのマーク・ジェイコブスが、コレクションの内容とリンクさせて、取っ掛かりのテーマやコンセプトを出し、モデルを選ぶ。撮影は、ここ数シーズン、写真家二人のチーム、マート・アラス&マーカス・ピゴーが仕事をしており、さらに広告のクリエイティブ、実際の広告に落とす作

★2004年春夏コレクション広告★

テーマは「ルイ・ヴィトンの華麗なる砂漠の女神」。
ドバイの近くの砂漠で撮影された

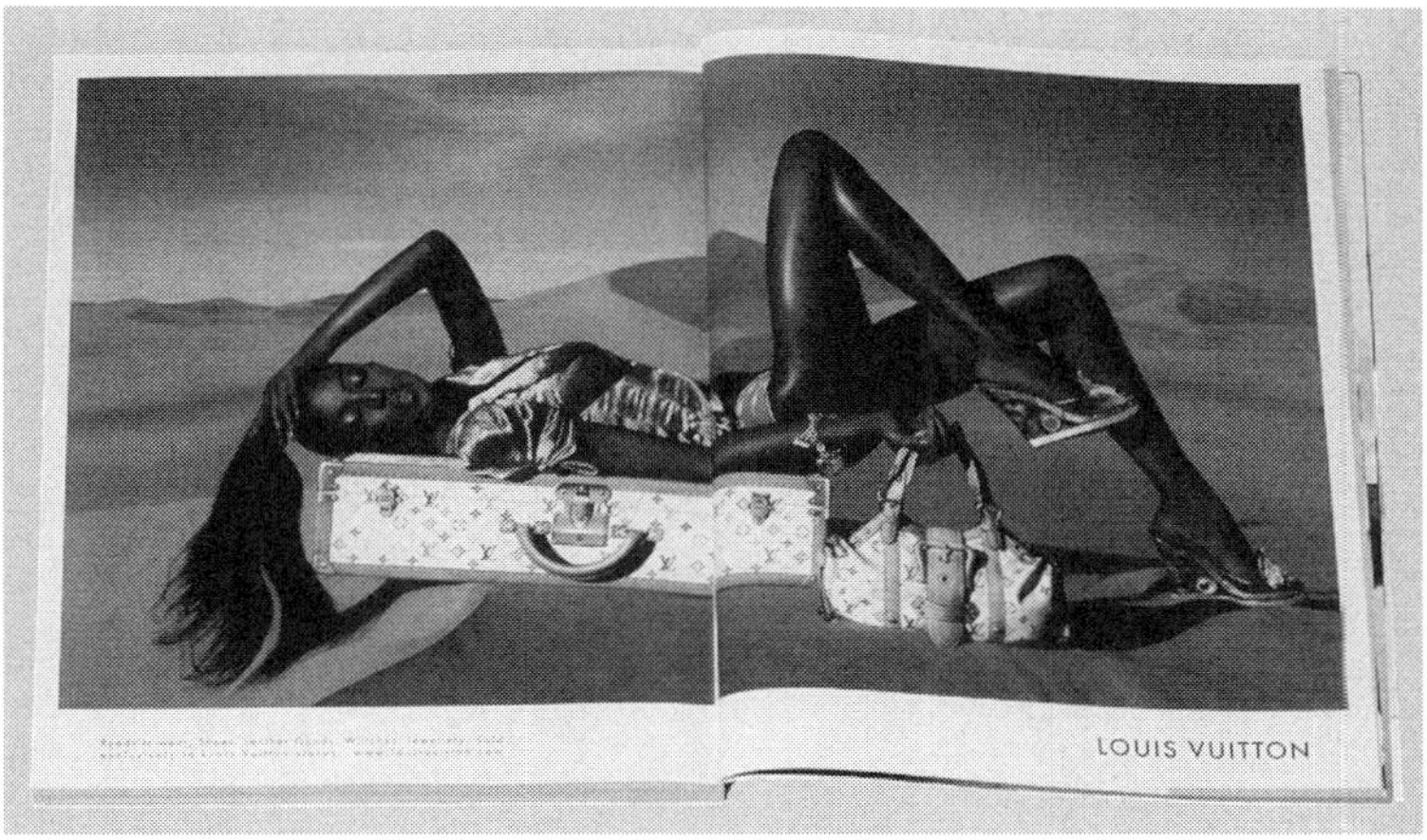

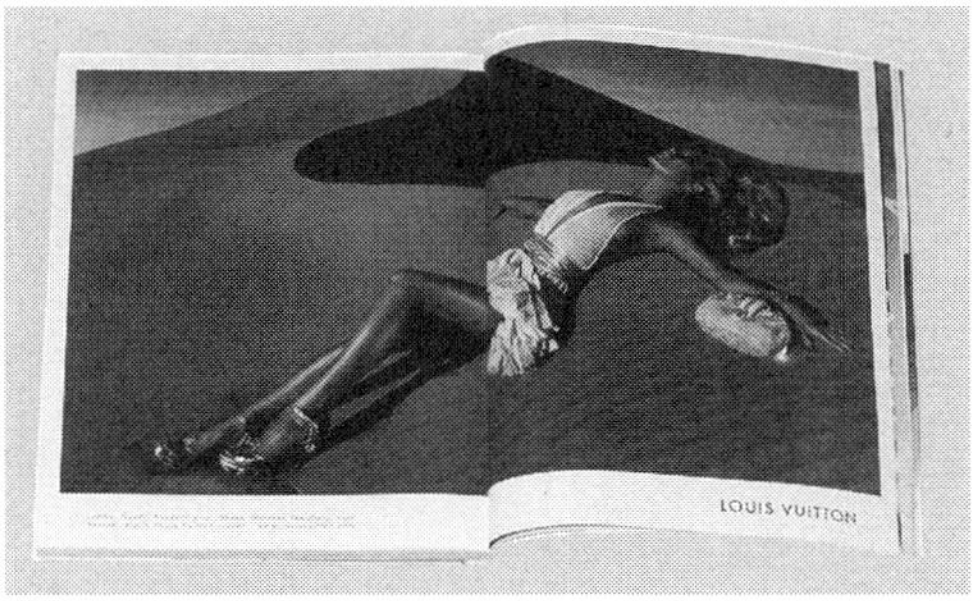

業をするチームが加わる。大所帯である。

制作プロセスでは、マーケティングの視点よりもクリエイティブの視点が優先される。論理的に売れ筋を描くよりは、愛されるべき一つの芸術作品を提案する。もちろん、ビジネス全体では合理的なマーケティングを軽視しているわけではない。マーケティングの視点はマーチャンダイジング、つまり商品を企画する段階で入れておき、広告表現自体はクリエイティブのテーマを前面に出すのだ。全体から見れば、ビジネスのロジックのバックグラウンドを視角に入れて創られてはいるのだ。

ルイ・ヴィトンにとって広告の第一の目的は、あくまでイメージ創成と伝達だ。コレクションやブランドのイメージを伝えるのが最大の目的で、販売はその後についてくる。

——こういう広告を見てどう思う？

「きれいだなあ、って思う。なんかマニッシュだよね。なんか肉体的だよね。ふわーっとした感じの女の子じゃなくて、強い女の人ってイメージがする。基本的に男を食ってるとかそういうイメージがあります。ヴィトンのイメージは強い感じで、一人勝ちしてるし、なんかアクセサリーとかでも一人勝ちしてるイメージがあるのですが、実際もそうなのかな、と」

「こういうのを見ると、（大衆的な人気を得ているルイ・ヴィトンは）みんな持ち方を間違ってる気がしないでもない。なんかヴィトンでフリフリのスカートとかを着てる人を見ると。ピーコもテレビで言ってたけど（笑）。

そうだね、だからヴィトンはこういうイメージのファッションを提案しなければ、もしかしたらフリフリのスカートにヴィトンを持つ人もいるかもしれない。でもそういうイメージを、私はこういう広告で払拭されるから。人がどう思うかわからないけど……ヴィトンをフリフリのスカートに合わせたい、って人もたくさんいるかもしれないけど……ヴィトンの六本木店とかで最近、パーティーが開かれたじゃないですか。やっぱりハイソサエティな感じっていうのが一番いいな、じゃない？　とにかく強い。強い、っていうか周りに威圧感を与える女性が（ルイ・ヴィトンの）イメージ。あたし的には」

「だって広告っていうのは、『どういう持ち方をしなさい』とか『これをつけるとこんなにきれいになるんですよ』っていうのを言ってる。だから雑誌とかでも、記事だったらモデルさんがきれいじゃなかったりしても、ありのままの服を、ありのままモデルさんが着てどういう風に映るかってのが問題。でも広告だと、どれぐらい人をはっとさせるか、『ヴィトンを持てばこんなにきれいになるんですよ』とか『バッグを持つとこんな感じになるんですよ』とかいうのを具現化して表してる。だから会社が持っているイメージを、ある意味押し付ける、っていうか……『こうなんですよ』って言っちゃってるようなもんじゃん。『ヴィトンはなんかフェミニンな感じ』って思ってる人がこれを見た途端に、『あ、(本当は)こんな感じなんだ』って思うわけじゃん」

女のコは美を求めている。とはいえ、自分は天才アーティストで自由気ままに装えばそれで美しい、と胸を張れるコはほとんどいないから、何らかの権威に拠って自分のファッションを築くことになる。

だからといって、ラグジュアリー・ブランドのデザイナーが、いきなり普段着、日常的に消費される洋服を差し出すわけにはいかない。ブランドには特別な権威があらねばならない。理想主義的、イデア的な美が核にあらねばならないからだ。そうした頂点に瞬く星がなければ、料理人は包丁をとる気にならず、生活者はそのブランドに憧れはせず、商品も売れないことになる。

とはいえ、星をそのまま身につけるわけにもいかないのだ。そのままでは明るすぎる。星の輝きはそのままに、地上で着こなせるよう、料理しなければならない。このクッキングこそ、ブランドのイメージを構築し、現実のファッション製品を売りさばく生命線となるものだ。美のイメージを生活者の頭の中に確立したいブランドのシーズと、現実の中に美を持ち込みたい生活者のニーズが合致するところに、ブランドのコミュニケーションの妙味がある。

では、具体的な料理において、ルイ・ヴィトンがどのような戦略をとって、いい味を出そうとしているのだろうか。(ファッション)雑誌というコミュニケーション・ツールの特性を踏まえながら検討しよう。

雑誌＝伝えたい相手に、未来を伝えるツール

ファッションや化粧品の業界では、ターゲットが比較的はっきりしている。数ある媒体の中でも、ターゲット、つまり誰にメッセージを伝えたいかが一番明確なコミュニケーション・ツールが雑誌なのだという。テレビや新聞は、ターゲット特定化の傾向が現れつつあるとはいえ、まだまだ文字通りのマス・メディアである。一つひとつのチャネルが巨大で、不特定多数に向けられている。広範囲に伝えられるが、誰が本当にメッセージを受け取っているのか、見えにくい。雑誌、特にファッションを扱う雑誌は、個々のチャネルが高度に細分化されているため、読者の特定がしやすいのだろう。

――『ＪＪ』を作っていたとき、一番大事なのはなんだった？

「やっぱりＪＪはコンサバの雑誌で。『ＪＪ』、『ＣａｎＣａｍ』、『Ｖｉ Ｖｉ』、『Ｒａｙ』、っていう四つの（同じカテゴリに分類される）雑誌があるんですよ。で、その雑誌の中で、どれだけ『ＪＪ』のテイストを失わないか、ってことが一番大事なことだと思う。『ＪＪ』、『ＣａｎＣａｍ』、『Ｖｉ Ｖｉ』、『Ｒａｙ』っていう（同じような四種類）があって、それでも、『ＪＪ』を毎月買ってくれる人たちがいるわけじゃないですか。

で、例えば、『ＪＪ』のテイストには、『育ちのいい女の子』を育てるってことがあるって感じた。それから、『ママに見せて恥ずかしくない雑誌』とか。あと、『男の子にモテて、いい男をゲットする』。そういうテーマが根底にあるんじゃないかなぁ。

だから、ワンランク上の女性を育てるっていう意味では、やっぱりコンサバになるんだろうし、カジュアルとかは排除されていくんだと思うし」

テイストとは何か。それは、顕在化しているターゲット、もしくは理想とすべき読者像を絞って設定して（＝『育ちのいい女の子』）、設定した対象の嗜好に合わせる（＝『ママに見せて恥ずかしくない』『男の子にモテて、いい男をゲットする』）ということだ。

現代の雑誌は、たいていこの観点から作られる。部数が少ないということに加え、このテイストーターゲットの絞り込みが卓越しているため、朝日新聞の文化面の読者や、月九（月曜午後九時台のドラマ）の視聴者よりも、『JJ』の読者のほうが明確に特定されている。一〇代後半から二〇代の女性で、学生か会社員。自分で稼ぐ年収は三〇〇～五〇〇万円までの場合が多いが、未婚で親と同居している場合が多く、可処分所得は多い。購買力があり、コンサバ系の洋服を好む。何よりも重要なのは、『JJ』に露出するテイストのファッションが好きで、『JJ』に露出するテイストのファッション商品を購入しているということだ。雑誌というメディアの特徴は、ターゲッティングの卓越性なのだ。

もちろん発行部数もあって、広く読まれている媒体が好ましいのは当然だ。しかしより大事なのは、ブランドが狙うターゲットと、雑誌の読者層が一致していることだという。また、ターゲットを現前化させると同時に、広告の効果を増大化させるために重要なのが、編集方針がはっきりしていて、ブランドがそこに登場してふさわしいような環境があるということだ。『週刊少年マガジン』は、どんなに発行部数が多く、コンセプトが明確でも、ルイ・ヴィトンには馴染まない。ルイ・ヴィトンの店舗と同じように、格好のロケーションにきちんとした門構えで建物があって、その中にお店がある。環境の中に交ざって登場するのだから、その環境もブランドの一部なのだ。

現代のファッション雑誌は、いかに多く売るか、ということのみを競い合っているのではない。いかに「深く」売るか、それが中心的課題になりつつある。消費者の嗜好が多様化する中では、ファッションのように売りたい製品のターゲットが絞られている広告主としては、不特定多数のマスよりも、自分たちの商品に直結するターゲットに、効率よくアクセスしたい。従って、部数の大小よりも、その雑誌が持つ読者のテイストによって、すなわちターゲッティングを重視して広告を打つ。そしてターゲッティングが確立され、イメージのいい雑誌には、より高額の広告料を支払うのだ。

テレビや新聞が爆撃機による絨毯《じゅうたん》爆撃だとするならば、雑誌はレーザービームだ。テレビや新聞が顎《あご》先へのストレートだとするならば、雑誌はじわじわ身体にダメージを溜めさせるボディブローだ。

また、雑誌はファッション的、美的なイメージを伝え、受け取るのにも適したメディアだともいえる。

「(雑誌と、他のテレビやインターネットといったメディアとの違いは)流動しないこと。ずっと手元にあること。例えば、家に帰って暇な時間にちょこっと読める、本屋さんで立ち読みできる、ってこと。で、しかも、本と違ってある程度の最新の情報が、ちょっと腐りかけの鯛ぐらいのとこまでなら入る、っていう」

「自宅で、ファッションについてしっかり見られて、しかも固定。テレビは、なんか疲れてるから寝たいと思ったら、もう流れてってるわけじゃん。今月のファッションが、見開きで、好きな時間に好きなときに、しかも流行を教えてくれるメディアは雑誌しかないんじゃない？」

ファッションにはシーズンがある。テレビや新聞、ネットのように実線上というよりも、点線・破線を描く傾向が強い雑誌というメディアならば、毎月でも月二回でもウィークリーでも、シーズン毎の展開を効果的に捉えられる。春夏シーズンは、コレクションであればだいたい一月末から始まるが、一、二、三、四月に春夏を、新作を見せる。ピンポイントで瞬発力がある新聞が、新店舗オープンの告知などに利用されるのと対照的だ。

雑誌は色がよく、次号が売り出されるまでの長期間見られることが多い。イメージを扶《ふ》植《しょく》するのに適している。また、雑誌は閲読率（回読率）が高い（一冊を数人で見ることができる）。友人間や美容室など、同じテイストを持つコミュニティ内で拡散する。

テレビや新聞、あるいはインターネットにしても、過去と、最新でも現在までしか伝えることはできない。雑誌だけが未来を伝えられるメディアなのだ。

「インターネットは現在のことだけど、雑誌は未来のこと。たとえば、今やってるのは十二月号で、今十月じゃん、みたいな。十月なのになんで十二月号売ってるの、みたいな。だから、出してるファッションとかは全部十二月に着るものについて写真を載せてるの。テレビとかと違って、発行されるのが二ヵ月前。載ってるのは二ヵ月後のこと。十二月にはこれを着なさいよ、だから『十二月号』。そういうコンセプト」

テレビでは、一方的に提示される「その場」に合うファッションしか見られないのに対し、雑誌ではこちらが求める「場」に合わせた、しかも場に合わせただけでなく自分のテイストにも合わせたファッションが見られる。ファッションの世界を伝える際、テレビはせいぜいのところ、現在までしか映すことができない。雑誌は未来を映す。そして消費はいつ行われるのか？　未来だ。

ブランド、特にラグジュアリー・ブランドは、生活者の心の中にそのイメージを構築しようとする。イメージでレーザービームのように胸をえぐり、かつ、じわじわと頭に浸透させる。ブランド・イメージを生活者の脳内に築き上げ、未来の顧客にする。そのためには雑誌というメディアを利用するのが、最も効果的なのだ。

さて、ここで一つ問題がある。確かに雑誌はターゲッティングが確立され、限定された潜在的顧客にイメージを伝えるには格好のメディアだ。だが、ということは、伝えるべきイメージもターゲットを限定したものにせざるをえず、広範な顧客に受け入れられることができないのではないだろうか？

現に海外資本の、プレステージなターゲットに特化するブランドの中には、『JJ』などの赤文字系（『JJ』『CanCam』『ViVi』『Ray』といった発行部数が多く、情報量が豊富な若い女性向けの）ファッション誌から距離を置き、広告を打たず、（『ELLE』『VOGUE』といったファッションの美そのものに焦点を当て、高感度といわれる）モード誌のみでプロモーションをするブランドもある。

質の高いターゲットを確保する雑誌のみに広告を打てば、確かにブランドのプレステージは保て、それなりに顧客もつくだろう。だが、ルイ・ヴィトンのように、各雑誌が張るターゲッティングの縄張りを超えて、「国民的」とまでいわれるほど広く顧客を集めるにはどうしたらよいのだろうか。しかも、ブランド・イメージのプレステージを落とさずに、だ。

もっと一般化して言えば、ファッションのような感性的消費を左右する生活者の嗜好を乗り越えるにはどうすればよいのか、ということだ。生活者の嗜好が多様化する中、どうすれば嗜好の枠を超えて、多くの人に愛されるのだろうか？

ルイ・ヴィトンはどんな広告を創ることで、この危険な跳躍に挑戦しているのか？　地形も戦況も、生活者一人ひとり全く異なる各地の戦場で勝利を得るには、一体どんな武器を使えばよいのだろうか？

多様性に適応できる巨大なイメージ

まず、端的に言えば、ルイ・ヴィトンは巨大なブランドであるということ。ルイ・ヴィトンの商品群とイメージが持つ幅の広さと大きさが、自身をメディア、チャネル毎に最適なテイストで登場させる柔軟性をもたらしている。

例えばルイ・ヴィトンは、雑誌によって様々な表情を見せる。美的側面を志向する傾向が強い雑誌（例えば『ＥＬＬＥ』など）には、新作コレクション・ラインに身を包んだヨーロピアンモデルが佇《たたず》む一方で、実用的なファッションを提示する傾向が強い雑誌（例えば『Ｏｇｇｉ』）には、読者が求め易い洋服を着たＯＬ風のモデルがトラベルやビジネスといったＴＰＯに合わせた製品を提示する、といった具合だ。こうした演技の幅を許す、商品の普遍性と商品群の幅の広さ、つまりはルイ・ヴィトンというブランドの物語の大きさが、多様な嗜好に対して柔軟に対応することを可能にしているのだと痛感する。

次に、この演技の幅、ブランドの柔軟性、巨大さの中身について、再び純粋広告に戻って、ヴィジュアルを見ながらより具体的に迫ってみたい。

具体的な広告ヴィジュアル

ここ数シーズンの広告ヴィジュアルについて、生活者の印象を見てみよう。

■二〇〇二―〇三年秋冬コレクション広告

「人を使うのがうまいなあと思います。なんか他の広告媒体に比べて、『ヴィトンはこういう風に着られたいんだよ』っていうのを明確に主張してるじゃないですか。意志が見える。（主力製品である皮革製品がないのは）なんでかっていうと、たぶんプレタポルテを見せたいから。ここにヴィトンのバッグがあると、バッグが目立っちゃうじゃないですか。ヴィトンはバッグだけじゃないんですよ。トータルコーディネイトをやるんじゃなくて、こういうのがあるって皆に知らせたいから、載せてるんだと思う。バッグを載せたら、やっぱりヴィトンはバッグなんだって注目されちゃうじゃん。バッグが全くないことで、ヴィトンにはプレタポルテっていうラインがあるんだってわかるじゃん。

(高額の広告料を支払ってバッグを見せないのは) ヴィトンの余裕っていうか遊び心が見せられるから。できるんですよー、みたいな。まず、この服のラインがあるんだな、ってことをこの二ページですっごい実感させられて印象的だし。『あ、余裕が感じられるな』って思うじゃん？　だってこれ全部黒じゃん。なめてんの、とか思わない？」

ここ数シーズンの広告ヴィジュアルからは、シンプルで強い、という印象を大きく受けるだろう。一見するところ、単純ですっきりした構図。しかし巨大な黒い影と挑戦的なモデルの眼差しが、写真を一般的なファッション広告から逸脱させている。

マーケティングには「レス イズ モア (Less is more)」というコンセプトがある。御《ご》託《たく》を並べ多くを語りすぎると、メッセージが散漫になって何も伝わらない。一つのメッセージを凝縮させることで、最大限に伝わる。シングル・メッセージの強さ。一つだけ伝えるのが一番よく伝わるのだ。

ちなみに、一般的に皮革製品のブランドがプレタポルテに参入し、プロモーションに利用するのは、製品に人間の息吹を吹き込むためだ。バッグは、それだけを写真にとって飾っておいても、ただのバッグ、商品だ。しかし、同じブランドの洋服を身にまとった人間が身につけて微笑んでいれば (最近のファッション・ブランドの広告でモデルが微笑んでいることなど滅多にないが)、それは生身の人間の、だからあなたのブランド体験の欠くことのできない一ピースになるのだ。

■二〇〇三年春夏コレクション広告

「アヴァンギャルドな感じ。なんか挑発的ですよ。ヴィトン、っていう今までのイメージを一新させている感じ。

ヴィトンっていうと、私たち『JJ』読者では、きれいな格好をして、……あ、あたしこれ欲しい、あとで買いに行こう……っていうイメージ。でも、これ(この広告)、ヴィトンっていうお上品なイメージを一掃してる感じ。向こうも(ルイ・ヴィトン側も)狙ってるんだと思う。これなんて明らかに成金じゃん。成金、悪女、エロい、みたいな。なのに、なんでこんなにきれいなの?　みたいな。

あたしはきれいだなあと思う。美的感覚があるなあ、と思うけど、それはなんだろね、ヴィトンってブランドが持つ……なんだろ、ブランドってすごいと思う。ヴィトンだから何やってもいい、みたいな。ちょっと冒険しちゃってるけど、それでもヴィトンは買いたいな、って思わせる何かを持ってる。その何かっていうのは……やっぱり現代のニーズを捉えてる、ってことじゃない?　冒険心とか……」

■二〇〇三―〇四年秋冬コレクション広告

「ヴィトンは他の広告に対して、イメージとか生き方ってのを、すごく提唱してると思う。それでいて、なんか『ヴィトンっていうとお上品なイメージ』っていうのを、きっと、払拭したいんじゃないですか？

だから、二〇〇三年春夏では、ヴィジュアルとして意志のある女性。明らかにかわいい女の人じゃあないですよね。きれいだけど、なんか生意気そうな、自己主張の強そうな女ですよね。それが次になって、なんかバッグを持ってるアヴァンギャルドなイメージをこうやって持たせるようになって、二〇〇三―〇四年秋冬ではジェニロペ（ジェニファー・ロペス）っていう女優を起用して、『私はこのように思う』っていう意志を広告に付け加えたことで、どんどん一五〇周年に向かって準備してるんじゃないかなあ、ということを思います」

伝統に加えられる絶妙な「癖」

ここ数シーズンの広告ヴィジュアルから受ける、シンプルで、強い、イメージ。画の強

★コレクション広告★

★2002-03年秋冬★

テーマはヒッチコックの映画。女性像もコレクション自体も1950年代にインスピレーションを受けているという

★2003年春夏★

村上モノグラムが発表されたシーズンで、フォーカスがあてられている。プールの飛び込み台で撮影された

★2003-04年秋冬★

「パワフル・ウーマン」というテーマで、ハリウッド女優ジェニファー・ロペスがモデルに起用された

さは悪女、強い女という印象を焼き付ける、肉感的なモデルの佇まいに拠っている。黒い影と凝視にしろ、暗闇に浮かぶ飛び込み台上での微笑にしろ、男に圧し掛かるにしろ、ファンタジー的な砂漠と虚ろな眼の交錯にしろ、どこか変だ。おかしい。普通と違う。この特異性、違和感が、シンプルなヴィジュアルにダイナミズムを与えている。

「全部黒じゃん。なめてんの？」「アヴァンギャルド、挑発的」「成金、悪女、エロいみたいな。なのに、なんでこんなにきれいなの？」「生意気そうな、自己主張の強そうな女」という言葉で評される、スタンダードからの逸脱。癖がある。

どのヴィジュアルを見ても感じられるこの「癖」は、ルイ・ヴィトンの伝統的なイメージから受ける、良家のお嬢さんという印象と相反しているのではないか。まさに「ヴィトンっていうお上品なイメージを一掃してる」のだ。このお上品さに活力をもたらしている「癖」にこそ、読者のターゲッティングの縄張りを超え、多様化する嗜好の枠を超えて、多くの人に愛される跳躍への鍵があるのではないだろうか？

広告ヴィジュアルは、そのシーズンのコレクションのテーマに連動させたキャンペーンのコンセプトで創られている。ヴィジュアルに登場する女性も、そのシーズンのイメージ・モデルだ。

コレクションは、そのままだと革新的すぎて、消化しがたい生の食材だ。しかし同時にそれは、どんなターゲットの舌向けにも味付けされていない、万人のための生の食材なのだ。誰のためのものでもないがゆえに、誰のものでもあるイメージ、生の芸術、イノベーション。その残滓が、広告ヴィジュアルに「癖」として顕れている。だからこそ、世界中どこに行っても、どんな雑誌を開いても載っている同じ広告ヴィジュアルが、世界中どこにいる人にも、どんな雑誌を開いている人にも、訴えかけるパワーを持っている。

「ヴィトンって不思議なんですよね。だって裏原系の人たちもさあ、ジーンズにつけてるじゃない。国民的なんじゃないのかな。けっこう、ある意味、美的なコードを超越してるかもしれない、と思うことがよくあります。

だって美容師さんとかで結構つけてる人いるの見たことあるし。あ、美容師って裏原系の代表なんです。……やっぱり裏原系の子で持ってる子は少ないのかなあ？

やっぱりラグジュアリー・レベルに達してるし、一緒に合わせて持ってもかわいいし、裏原系の人はジーパンの後ろにつける、ほらあの子も持ってる……センス悪いけど（笑）。ああいうファッションに合うようにルイ・ヴィトンが発信している以上、そういうファッションの人に受け入れられるのはしょうがないと思う」

「伝統」だけであればこのようなジャンプ力を持たなかったに違いない。「伝統と革新」という往復運動の起爆力は、単に目新しいモノを次々繰り出して飽きさせない眼くらまし効果だけでなく、多様な嗜好の壁を超えるというモンスター・ブランドになるための跳躍を支えている。

もちろん、「革新」―「癖」が、「伝統」―「品格」を食い潰すまでに肥大化してはいけない。生の味がパッケージにきつく写りすぎて、生活者が料理を口に入れてくれなくなってしまうから。芸術家肌のデザイナーズ・ブランドが、ビジネスとして巨大化できない場合、理由の一つがここにあるだろう。生活者の日常の購買行動に組み込める程度には、「伝統」―「普通っぽさ」、つまり普遍性が強くなければならない。その「伝統と革新」のバランス感覚が難しい。

ルイ・ヴィトンの一五〇年の歴史の中で、プレタポルテのコレクションは最も革新的な部分であり、それに連動して毎シーズン出てくる広告ヴィジュアルは、基本的には最新メッセージだ。当然「コレクション」―「広告ヴィジュアル」を中心としたメッセージは、一番革新的なファッション・ヴィジュアルとなる。一つのツールの中でバランスをとりつつ、様々なコミュニケーション・ツールを、適材適所にちりばめて全体でバランスをとることになる。

一つのツールの中でバランスをとる例で言えば、二〇〇二年に表参道の店舗のオープニングがあった。これは「旅」を強く打ち出したイベントだった。ルイ・ヴィトン ジャパンにとって、いわゆるフラッグシップでありランドマーク的なビルにするためのイベントとなった。一方翌年、未来都市のような空間にある六本木ヒルズの店舗では、近未来的なイメージに振り子を振っていき、ＳＦ的なディスコ・フィーバーを繰り出すというかなり革新的なオープニングイベントを演出した。

「伝統と革新」の間で適度に振り子を振ることで、生活者は「伝統と革新」両方のルイ・ヴィトンをアップデートした形で見ることになる。ルイ・ヴィトンの「伝統と革新」は、複雑に入り組んだ構造の中、無数の往復運動が共鳴し合って形成されている。

グローバル・コミュニケーション@新聞広告

上述した多様な嗜好の壁を跳び越える際には、バランスを失ってどちらかに転がり落ちてしまう危険だけでなく、壁にばらばらに体が分断され、イメージが拡散し、パワーダウンする危険も孕《はら》んでいる。イメージの分裂は、「癖」を内包しつつシンプルで、毎シーズン一貫したイメージを与える広告の安定性や、モノグラムをはじめとする確立された商品イメージなど、さまざまな手段で防がれているが、世界共通のイメージ管理についても触れておきたい。

ルイ・ヴィトンをはじめとするトップ・ブランドでは、広告ヴィジュアルが世界共通なのはもちろん、かなりローカルなコミュニケーションに関しても、ブランド・イメージの発信源がチェックし、一元管理するという。ルイ・ヴィトンであれば、日本独自の新聞広告やイベントでも、パリの目というフィルターを通すことにより、一貫したイメージを形成していく。

■表参道、六本木ヒルズ、NY・五番街の新店舗のオープニング告知の新聞広告

東京の表参道や六本木ヒルズ、あるいはニューヨーク五番街の新店舗オープンという極度にローカルな話題でも、ヴィジュアルの制作はパリで行われるという。どれもそれぞれ個性的な店舗の特質を浮き彫りにし、明確に異なるヴィジュアルではあるが、三つの背後に広がる統一されたイメージの世界を見て取ることは簡単だろう。

各地のコミュニケーション担当からインプットされたイメージが、全ていったんパリに集約され、そこから世界に広がるというシステムも、コミュニケーションの一貫性とセンスを保障している。様々な（雑誌）チャネルに載る広告ヴィジュアルが、コレクションと

★新店舗オープニング広告★

表参道店のオープニング広告
(2002年９月１日オープン)

六本木ヒルズ店のオープニング広告
(2003年９月５日オープン)

ニューヨーク五番街店のオープニング広告（2004年２月12日オープン）

いう中心から拡散されるエッセンスを帯びることで、そのチャネルの壁を超えていく。それと同じ構図を描いて、様々なローカルのチャネルでなされるコミュニケーションも、パリという中心から拡散されるエッセンスを帯びる。そのエッセンスが、国や人種の壁を超えるセンスを付与しているのだ。

フランスから発信される確固たるメッセージが、各地に伝わり、各々の個性を踏まえて発信されていく。パリとローカルの有機的な結合。このネットワークは、多様なローカルという壁を跳び越え、グローバルなブランドとして世界中の人に愛されるイメージを創り出すバネとなっているのだとも言えよう。

この章の終わりに

「よくわかんないけどアヴァンギャルドな感じじゃない？　これ（二〇〇三―〇四年秋冬コレクション広告を指す）だよ、だって。だから、あたし最近雑誌を見てて思ったんだけど、二律背反のイメージ。なんだろ、……悪女は淑女だったりする、みたいなキャッチコピーを感じて。こういう上品な感じのファッションと、それからこういう、なんかちょっと悪女系のファッションと、二つの……二面性がある、っていうのはプレスとかクライアントとかは結構好きらしくて、ブランドのイメージを一つのものに、固定された枠に当てはめたくないんだと思う」

「だから、二律背反のイメージというか……ヴィトンに二つの顔があるってのは思うし。そういう意味で『JJ』には圧倒的に受け入れられてるし、もう一つの、別のテイストの雑誌にも受け入れられてる、ってことがあるから。それでなんかグローバルスタンダードみたいなものとして受け入れられてると思う。

二つの表情を持ってるじゃない。だから、いろんな人に受け入れられて、あれだけ高い値段でも、型にはまった枠組みがないっていうか……」

ポイントは二律背反、いや、背反する二つの要素が、破綻せずに一つの広告に並存することだ。ルイ・ヴィトンはブランドの命題として「伝統と革新」を掲げている。良家のお嬢さんと悪女。芸術作品と日常品。本来ブランドが持っているイメージにうまく広告でスパイスを効かすことで、多くの生活者に受け入れられる味を作っている。

■二〇〇四―〇五年秋冬コレクション広告

二〇〇四―〇五年秋冬シーズンの広告も、ここ数シーズンの基本路線を踏襲している。

シンプルで、強い。男を押し退《の》けるパワフル・ウーマン、幻想的な砂漠の女神と革新寄りのヴィジュアルが続いた後だけに、それらと比べると品の良さが凝縮された伝統寄りの感触が大きいが、それでも不自然に光り輝くリング、ベッド、ソファと不協和な寝そべり方、そしてもちろん捉えどころのない表情。品格と相反するかのような「癖」は健在だ。

二十一世紀には、以前にもまして、物理的な製品それ自体よりも、顧客の精神を満足させるブランド・イメージが価値の源泉となる。

こうしたイメージは生活者の主観に依拠している。変化しやすく、多様である。こうした可変性、多様性を乗り越え、安定して力強いパフォーマンスを生み出すブランド・イメージを築くにはどうしたらいいのか。

その解答の一つがこの寝そべった女性の物憂げな表情だ。

根幹となる分野の伝統的核心的イメージを堅持しつつ、新分野、異分野での革新的実験的なイメージを行う。品格と、その静けさを乱すような顔、肉体。全体として、また歴史的に一貫し、かつ常にフレッシュなイメージを創成する。これまでのヴィジュアルと系譜的につなぐことは容易《たやす》い。だが、これまでのヴィジュアルと、また違った種類の違和感、不協和音が聞こえるだろう。

シーズン毎のコレクションまではおおげさにしても、製品に多品種少量のデザインでアクセントを加えたり、アーティストやその他とコラボレーションを試みたり、メセナ活動をコミュニケーションに活かしたり……と、基本となる味は守りつつ、スパイスを効かせるイメージ創りで、移ろいやすい生活者の舌を刺激し、固定客をキープしなければならない。

細かくセグメンテーションされたいくつものコミュニケーション・ツールを駆使しつつ、抽象度の高い多義的な、しかもブランドがもともと生活者に抱かれている世俗的なイメージとは一線を画するようなメッセージを発する。非言語的で、見た者が自分の主観に合わせて解釈できる香り、そのブランドの既存のイメージには寄りつかない生活者の鼻を惹くような香りを漂わせ、多種多様な嗜好を満たすイメージを創らねばならない。

可変的で多様なイメージが価値を生み出す時代には、可変的で多様なコミュニケーション戦略こそが、ブランドを生み出す鍵になる。

もちろんルイ・ヴィトンの解答は、普遍的でも永続的でもない。ただ、現時点でルイ・ヴィトンは、移ろい続ける生活者の舌を捕まえるための、可変的で多様な跳躍手段を備えている。そう遠くないいつの日にか、ヴィジュアルの根底を貫く基本路線自体が消費者の舌に響かなくなるときが来るだろう。そのとき、基本路線をいかに組み直し、どんな味つけ、どんな跳躍を見せてくれるか、見つめていたい。

蛇足として――メンズ広告

本章では主にレディースの広告を取り扱った。これはもちろん、ルイ・ヴィトンのビジネス面で主要な部分を占めるのが女性だからなのだが、蛇足としてメンズの広告についても触れておきたい。

■二〇〇四年春夏コレクションおよび二〇〇四―〇五年秋冬コレクションのメンズ広告

メンズ広告は、基本的にはレディースと同じコンセプト――シンプルで強い、「癖」が多様性を跳び越えさせるヴィジュアルである。が、しかし、これらの写真から、レディース広告に感じられたほどの強さや「癖」は感じられるだろうか。レディース広告の完成度の高さに引きずられているのだろうか、どことなく物悲しさ――弱さや品の良さが勝っているように見えてしまう。

春夏広告の強いフォトジェニックな（写真栄えのする）顔、砂漠に刺さる凜とした表情と不釣り合いな服装、秋冬広告の大仰な正装、見えない視線の先、部屋模様と重なる眼の奥の陰鬱さ、などなど、強さと「癖」は明確に打ち出されている。にもかかわらず、レデ

★コレクション広告★

★2004-05年秋冬★

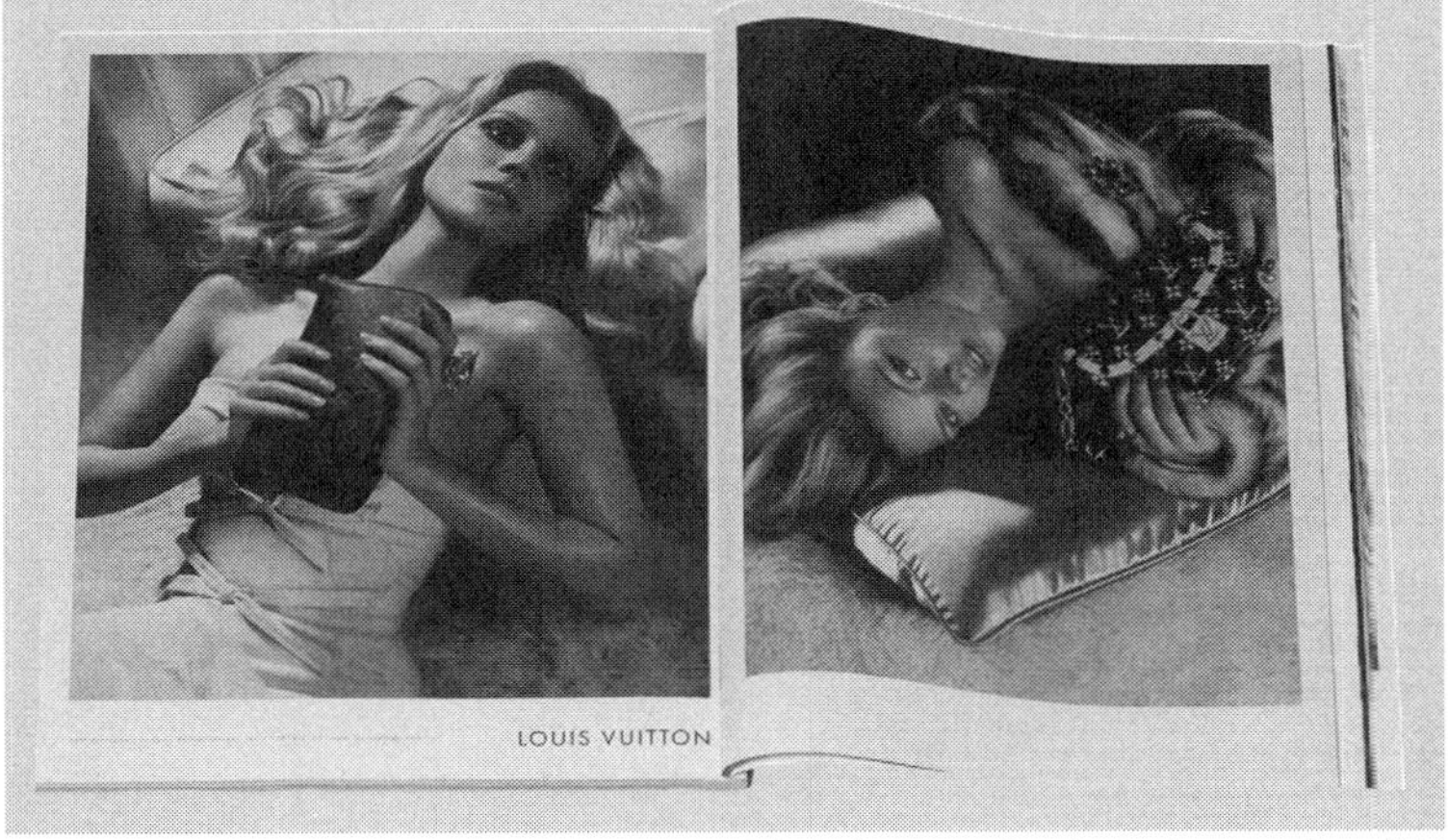

不自然に輝くリング、ベッド、ソファと不協和な寝そべり方。捉えどころのない表情

★2004-05年秋冬★

メンズ広告

レディース広告ほどの「癖」が感じられない

★2004年春夏★

ィース広告に見られるような、開けっ広げな意思の強さが見えにくい。画面の根底では世界を丸ごと肯定している高揚感が感じられないのだ。

女と男の埋めがたい差があるのだろうか。もちろん、実際の女性と男性の性格がどうこうという話ではなく、ファッションにおける男性は、女性より細かくターゲッティングされていないか、あるいは女性より細かくターゲッティングされすぎている、という差を反映しているのではないか、という話だ。

男性向けファッション誌は女性ファッション誌に比べて、はるかに少なく、弱い。男性はファッション雑誌の世界にいない。部数重視でターゲッティングが未発達な総合誌市場か、あるいは、車やPC、スポーツなど、過度にターゲッティングが発達しすぎている趣味・カルチャー誌市場に生きている。生活者の側にファッションのターゲッティングの壁が築かれておらず、ゆえに超えるべき壁が見つからない。そうした物悲しさを、彼らは見つめているのだろうか。

これから、彼らは壁が出来上がるのを待つのか、壁が無い現状に自らの目標を合わせるのか、それとも自らの手で壁を創るのか。物悲しさの視線の先に、レディース広告と同じようなパワーと明るさが見えてくるのだろうか。

第九章

ブランドとは

お守り、こだわり、オンリーワン！

後藤洋平（工学部三年）

ルイ・ヴィトンが売れている

「今、ルイ・ヴィトンが売れている」

なにを今さら、と人は言うかもしれないが、あらためてこの言葉について考えてみたい。

例えばテレビをつけると、昼のワイドショーでちょくちょく取り上げられている、「～のファッションチェック」といったコーナー。繁華街を歩く女性たちをつかまえ、文字通りファッションをチェックするというものだ。このバッグはいくらだったとか、どこで買ったとか、そのようなことを毎日のようにやっている。

雑誌のなかでも同様である。特に女性誌においては、その人気を今さら話す必要はないだろう。高級ブランド専門の雑誌、ギャル向けの派手な雑誌、いかにもＯＬ向けといったようなもの、様々な雑誌があるなか、多くの雑誌でルイ・ヴィトンをはじめとする「高級ブランド」が毎月取り上げられている。

「大人の女性はカルティエ」

これは最近私が目にした、ある雑誌の見出しだ。あまりのストレートな言い方にちょっとどうかと思うが、とにかくこのような言葉がちりばめられており、その情熱にいつも驚かされる。雑誌によってそれぞれのカラーがある。若年向けのものでも、あるものでは高級ブランドに重きが置かれていたり、そうでないものもあったり、様々だ。

六本木ヒルズにお店ができたとか、あれが新作のどれそれだとか、とにかく色々な情報の断片が常に耳に入ってくる。本人にその気がなくとも、自然と聞こえてくる仕掛けができ上がっているのだ。

実際、通勤電車や街中に目を向けても、やはりルイ・ヴィトンのバッグを見ない日は一日といってない。ラッシュどきの満員電車では、車両あたり四つか五つぐらいはあっても当然だ。首都圏でも地方でも、あまり場所を問わずにどこでも見受けられる。

身近な女性に聞いてみると「ルイ・ヴィトンは一つぐらい持っていて当然」といったような言葉をきっと耳にするだろう。私と近い世代で「お姉系」と呼ばれるファッションの女性ならば、ルイ・ヴィトンの財布や手帳など、「一つぐらいは」持っているような印象を受ける。

その一方で「あんなの高いだけで別に欲しいとは思わない」という人がいるのも事実である。彼女たちは、おしゃれに興味がないからでは決してなく、ファッションのタイプにもいくつか系統があるわけだ。

ただ、どちらのグループも同じように、「ほんとに売れてるよねー。なんであんなに売れてるの？」という言葉を――一〇人のうち九人くらいは――口にするのではないだろうか。自分で買っておきながらそれはないだろう、と思わず言いたくなるところだが、とにかく今はみんながそのように感じているようだ。

ルイ・ヴィトンは確かに売れている。ああ売れているな、確かにみんな持っているな、と多くの人が漠然と感じている。どこがいいのか知らないが、とにかく一番人気なのである。

でもみんなブランドブランドって浮かれているけれど、本当に分かって買っているのかしらん。そういえばパリやニューヨークなんかで日本人がブランド物を買いあさっているのをテレビで見たことがあるけれど、ああいうのって日本人の恥だよね。だいたい「ブランド志向」って言葉自体、ちょっとどうかというくらい馬鹿なニュアンスが漂っている言葉だ。（私個人の好みだが）ブランド物好きの女の子って、正直に言うとあんまり好きになれない。

なぜルイ・ヴィトンやその他のいわゆる「ブランド物」に、こうも否定的なイメージが付き纏ってしまうのか。そこには、言い古された言い方ではあるが、「ブランドに群がるバカ女」というニュアンスがあるからだ。

そんなふうに思ったときに、まったく日本人ってやつは、としたり顔でつぶやいてみたりしてしまうものである。

このような「ブランド物」に対する否定的なイメージは、非ユーザーの意見とは限らない。ルイ・ヴィトン・ユーザーにも同じ感想を持つ人は少なくない。「ブランド物など単なる虚栄心で買うもの」と、さらりと割り切っている女の子に何人も会ったことがある(彼女たちはもちろんルイ・ヴィトンを愛用している)。むしろ、もしかするとそういった人の方が多いのでは、という印象さえ受けるほどだ。

これはかなり複雑な事態になっているのではないだろうか。

ユーザーと非ユーザーで意見が正反対なら、つまりユーザー側＝「ブランド物」に好意的で、非ユーザー側＝否定的、という図式が成り立っているなら、話は分かりやすい。両者の間には越えられない「バカの壁」があるのだ、と言えばすむのだから。

しかし、ユーザーも含めたかなり多くの人が、ブランドって単なるネームバリューではないのか、とうすうす思っているのである。中田が持っていた、ベッカムが持っていた、などと様々なニュースや情報が飛び交い、やれ日本人はブランド好きだとか、何人に一人が持っているとか、あれは単なるバカブランドだとか、やっぱりモノが違うとか、ルイ・ヴィトンに関する喧騒《けんそう》のなか、とにかく「売れている」というイメージだけは着実に一人歩きして増殖し続けている。さらにイメージは「少なくとも一つは持っていないと恥ずかしい」という人を生み出すまでになった。

いわゆる「ブランド物」に対する否定的なイメージは、おそらく「ブランド好き＝単なるネームバリューにすがっているだけ」というイメージからくるのに違いない。しかしこのブランドに関する現象を、単純に「ブランド＝ネームバリュー」という図式で片付けてしまっていいのだろうか。

いや、それは大いに間違っているように思える。断定的に言うことはできないが、大事なことを深く考えないまま見過ごしているようにも感じるのである。

そのあたりから、ブランドというものについて考えてみたい。

ブランド＝ネームバリュー？

ブランドとネームバリューという言葉に、どのような違いがあるのだろうか。これらに共通したニュアンスがあるとすれば、

① 知名度が高い

② 世間で信用を置かれている（と言われている）

③　実質的な価値があるのか、よく分からない

という三点がポイントだと思われる。

例えば、雑誌で紹介されたレストランなどはネームバリューが高い、ということになるのだろう。専門家がいいと言っているから、みんながいいと言っているから安心、という発想は、誰でもついしてしまうものである。とくにメディアのなかで取り上げられると、一般人と専門家の両方がオススメしているように見えてしまうものである。

そこには、心理的な力が大いに作用しているようである。そしてそれは、初心者（部外者）に対して強く働きかけている。

コンピュータにあまり詳しくない人間がパソコンを買うという状況を考えてみる。

彼（または彼女）はとりあえず、ビックカメラやさくらやなどの、安いと評判の有名な量販店に行くだろう。そこで目にするのはありとあらゆる商品である。ソニー、富士通、NECなどのメーカー名と並んでVAIO、FMV、VALUESTARといった商品名が溢れる店内で、何を基準に選べばいいのか分からなくなってしまうのが常である。

なにを隠そう、私自身の体験談である。とりあえず私はちらりと聞いたことのある「SONYのVAIO」の前に立ってみて、説明書を読んでみたりしたものだ。ぱっと目に入ったのが「一番人気！」という派手なマーク。CPU、OSのバージョンなどなど、細か

いことはもちろんよく分からない。今度は店員を呼んで説明を受けたものの、分かったことは「SONYのVAIO」が「一番人気」で初心者には「無難」らしいということ。ベストな選択をしようとあれこれあがいてみたものの、こちらはまったくの素人だ。結局よく分からないまま「一番人気!」を選んでしまった。

どうせ自分のような初心者には、無難なやつのほうがいいんだ、などと心のなかで言い訳しながら店を去った苦い経験を今でも覚えている。

極端な話かもしれないが、確かに知名度が高く、「みんな使っている」などと聞くと妙に安心感を覚えてしまうものだ。ルイ・ヴィトンにしても、購買動機の調査によると、「みんなが持っているから」を理由に挙げる割合は、無視できないほどの数にのぼる。

私が「SONYのVAIO」を買ったのは、それがブランドだからかというと、決してそうではない。私がVAIOを買った原動力は、ただの「一番人気」「無難」という言葉である。

そんなものがブランドなものか。私にVAIOを買わせたのは、ネームバリューである。

誤解のないように言っておくが、VAIOがブランドでないというのは、私の極めて個人的な意見であり、「VAIOはブランドだ」派の人たちも、もちろんいていいと思っている。

要はブランドなんて、自分がブランドだと思うかどうか、もっと言えば自分がそれに対してウキウキしているか、というだけのことだと私は思う。

アップル社の出しているマッキントッシュ（マック）というOSがあるが、このユーザーのなかに熱狂的なファンがいるのは有名な話である。

しかし巨人ファンと阪神ファンのように、アップル派とウィンドウズ派が対立しているかというとそうでもなく、マックファンという言葉はあってもウィンドウズファンという言葉はあまり耳にしない。ウィンドウズが好きな人はいても、必ずしもその人はアンチマックではない。マックは独自のコミュニティを作り出しているのだ。

マックファンのマックに対する愛情は物凄い。私のような部外者にも、なんとなくリンゴのマークや独特のイメージが浮かぶ。想像でしかないが、彼らは自由自在にマックを操っているだろうし、新商品には常に注意を払っているだろう。マックに対する侮辱はきっと許さないだろう。パソコンの周りの備品をマック関係で統一していても不思議ではない。

彼らにとってマックはブランドだと言えそうである。しかし私にとっては、残念ながらマックはブランドではない。

ブランドというものは、必ずお客さんを必要とする。お客さんは老若男女すべて、というわけでなくてもいい。万人に愛されずとも、共感してくれる人がつながりあっていれば満足なのである。

このように、初心者や部外者に対しては、ブランドは単なるネームバリューとしての働きしかないが、その顧客となると話は別である。よく考えれば当たり前の話だが、ネームバリューだけで買った品物を愛用し続ける人は、まずいないだろう。最初は軽い気持ちで買ったとしても、使う間にどこかに価値を見出さなければ簡単に捨ててしまうだろう。

女子大生がルイ・ヴィトンの製品を大学入学や何かのきっかけでプレゼントされ、なんとなく使いはじめた、という場合を想定してみよう。彼女は初めてルイ・ヴィトンを手にしたときに、ルイ・ヴィトンの発信するメッセージに共感していたわけではない。

――みんな持っているものだし、自分も持っていて恥ずかしいわけでもない。長く使うものだから、そう損することもないだろう。確かに高校時代にちょっと憧れていたこともあった。

そういった気持ちでなんとなく手に入れたものが、ふたを開けてみると実際使い勝手がいい。丈夫だし、たくさん物が入る。多少服装に手を抜いても、まぁルイ・ヴィトンのバッグを持っていればさまになる。

ルイ・ヴィトンってなかなかいいものだ、という気持ちになるわけである。

ここから、ルイ・ヴィトンというブランドとのお付き合いがはじまった彼女が後にバッグを五つも持つことになったとしたら、もはやその原動力はネームバリューとは呼べなくなるのだった。

価値と価格のあいだ

ただ、先ほど挙げた③の「実質的な価値があるのか分からない」という疑問が残る。ブランド物って本当にそんなにいいものなのか、と思う非ユーザーは多いと思う。使ったことがないから分からないのは当然の話だ。しかも、少なくとも十数万円以上もするような品々ばかり、バッグごときでそんな、という気持ちは大いに理解できる。

これは、芸術作品に高い値段が付けられる現象と似ているのではないだろうか。ピカソやゴッホの絵がオークションにかけられ、何億という値で落札されるのを見て、たかが絵にそんな、と思ったことが誰しも一度はあるものだ。

さすがに芸術作品と比べるのはオーバーかもしれないが、確かにブランド物の値段が原価を大きく上回っている、ということはよくあることだ（と世間では思われている）。

それは機能のおかげ、とか、デザイン、とか、その理由の付け方はいろいろあるだろうが、本当のところは分からないのではないだろうか。少なくとも機能は目に見えるものではなく、心で感じるものだ。この価値を数字で算出するということは、かなり難しい。算出できるといえば、広告費はこの際別に考えて、製品を作るための原材料、店舗の維持費、輸送費用、人件費などなど、いくつかのコストから、製品一つに対していくらかかったかを金額に換算することはできるかもしれない。しかし、これらを単純に足せばそれが製品の価値である、と言ったところで、それに意味があるとも思えない。

もしその金額が定価より大幅に低かったとして、「ルイ・ヴィトン ジャパンは暴利をむさぼっている！」と言ったところで、現に大金を払って買う顧客はたくさんいるわけである。逆に安くなったら魅力を失うという危険も考えられる。大金を払うことで満足したり、それが品質の保証につながると考える人は多いだろう。

ともあれ唯一はっきりと分かるのは、多くの女性がルイ・ヴィトンのバッグを買うのに、一〇万円以上の金額を支払う価値を認めている、という事実だけだ。

絵にしてもそうだろう。絵を買いたいという人がいて、そして自分のものにするためならばこれだけ出せるという気持ちがあるから落札されるわけであり、そこには一つの閉じた世界があるとしか言いようがない。

ここで問題となっているのは「価値と価格の関係」ということである。

「実質的な価値があるのか分からない」という疑問は、価格は価値に比例するものであり、また客観的な価値というものがきちんとある、という発想からきている。

しかし現実は、ものの価値は個人的な価値観が決めるもので、客観的な尺度などありそうもない。一方価格はというと、金持ちが出す一〇〇万円と、そうでない人が出す一〇〇万円ではその重みが違う。一見絶対的なもののようでありながら、人と状況によって、その重みはまったく変わってしまう。

これはスーパーで主婦が買い物をするときに、もっとも顕著に現れるように思える。安売りやら何やらで、そのときの買い物を一〇円でも安くしようと努力を続けている主婦が、自分の趣味となると出す金を惜しまなかったりするのだ。なかなか金というものは人間の奥深さを教えてくれる。

「価値と価格の関係」について、その本質をついたルイ・ヴィトン ジャパンの秦社長の言葉がある。

「ルイ・ヴィトンのライバルはハワイ旅行」

この言葉は、今の話にまさに対応している。価格帯、顧客、（お小遣いの）使用局面どれをとっても、この二つの価値はルイ・ヴィトンの顧客にとってまさに争われていることだろう。

商品自体がどうこうというより、それを買うことでどれだけ自分が満足できるのか、ということがお客さんの最大の関心だと言える。その意味で、
・価値＝主観的、かつ絶対的（何がいいものなのかは、顧客の価値観が勝手に決める）
・価格＝客観的、かつ相対的（数字自体は客観的だが、状況でその重みが変わる）
ということが言える。

ここで価値観という言葉が出たわけだが、私たちは日々の生活のなかで、それぞれに自分のこだわりを持っている。それはライフスタイルという言葉で語られるような、大げさなものでなくていいが、自分のお気に入りのものを身近に置いておきたいと、誰しもが思うのではないだろうか。

例えば、それは好きな野球チームのことかもしれない。阪神ファンの熱狂ぶりはあまりにも有名だが、それも一つのこだわりだと言える。試合があればファン同士で居酒屋に集い、阪神が勝てばみんなで祝杯、負ければみんなでブーイングといった調子で、阪神タイガースという球団に自分を重ねているようにも見える。

人によっては、自分の着る服のブランドかもしれないし、料理人ならばこだわりの包丁のブランドがあるかもしれない。ちなみに私は吸うタバコはラッキーストライクと決めて

いる。なぜなのかと言うと、あまり人に話しても分かってもらえないだろうが、ともかく私の個人的なこだわりなのである。

もちろん、ルイ・ヴィトンというブランドにこだわっている人々もいるわけである。それは単なるネームバリューに惹かれてのことではない。彼または彼女たちなりに何かしらの理由をもっているのである。柄が好きだから、という人もいれば使いやすいという人もいる。長持ちするからという理由もあるだろう。大切な人にプレゼントされて以来好きになった、ということもあるかもしれない。

その人のこだわりには、その人だけの理由がある。

ブランドとは、価値と価格、この二つのうち価値重視の現象なのではないだろうか。普段の私たちは無意識に「物には価値がある」と思っている。そしてその価値にくらべて値段が安ければお買い得だと思うし、高ければ「こんなの買ってられないよ」などと文句の一つも言うだろう。

しかし好きなブランドとなると話が違ってくるのである。値段が安いからいいとか、高いからいいとかそういうものではなく、そのものを自分の手にし、使うことに大きな意味がある。金をかけた分だけ、かわいく見えることもある。自分のなかでその価値は絶対的だから、その先には「いくら払っても惜しくない」というマニアックな心理が存在しているのかもしれない。

そこにあるのは「自分だけの物語」なのである。自分だけのお気に入りが心をウキウキさせてくれる。

どこまでいくのかは人それぞれなのだろうが、私たちは多かれ少なかれ、そのような世界で暮らしているように思われる。

ブランドという世界

これまでブランド、ブランド、とこの言葉を不用意に使ってきたが、一体ブランドとは何のことを言うのだろうか。なにか、直接これだ！　というモノがあるのだろうか。

結論から言うと、私は具体的なモノとして、ブランドは存在しているのではないと思う。

もっと抽象的な、名前の一種でしかない。それは不思議なリアリティを持った名前だ。

「ルイ・ヴィトン」という言葉を聞いて、何が思い浮かぶか考えてみてほしい。

ルイ・ヴィトンと言えば、バッグのメーカーが本業である。

製品構成の要《かなめ》はもちろんバッグだが、その製品ラインはバッグだけでも相当な種類があるのはよく知られていることだ。

例えば、モノグラムだけでなくダミエ、ヴェルニ、エピなどを中心として数種類、さらに男性向けにもタイガといったラインが用意されている。さらにこれらにさまざまな大きさ、用途が組み合わされ、全ての種類を数え上げるのは至難の技だ。これらのように定番として定着したものだけではなく、次々と新たなラインが発表され続けている。

売られているのは、バッグだけではない。財布はもちろんのこと、洋服や靴、時計やアクセサリー、さらには手帳やペンまで、様々な製品が売られている。

ところで、財布などには革の加工という技術的な共通性があると言える。しかし一方で、絹製品、時計やアクセサリーなどはよく考えると本業のバッグとは、技術的な関連性がまったくないのだ。ペン、手帳となると、製法どころか使用局面でも共通性があるのかどうか、少しあやしくなってくる。

このように、技術的にも使用局面もまったく関係がない多種多様な製品は、一見しただけではまったく無節操に拡張されているように思われなくもない。あたかも安物だろうが、ルイ・ヴィトンのロゴを入れれば高く売れる、と言うかのように。

これらがきちんと全てルイ・ヴィトンのものであるとする根拠は、様々なデザインや柄の全てに一貫したある種の趣向、というか、おもむきのようなものがあることである。

また「ヴィトンのバッグを持つ女性」と言えば、その服装やライフスタイル、性格までなんとなく分かったような気になってしまうのだ。ＯＬ、ギャル、女子高生、女子大生、主婦、どの層にも確かにそれぞれ、あるイメージが定着していないだろうか。

ルイ・ヴィトンは今や繁華街だけでなく、通勤中の電車のなかや新幹線の棚の上、スーパーの買い物客にも見つけることができる。現実にいるそれらの人々に加え、テレビやなんかで見た映像と重なって、こうしたイメージは意外にもしっかりと焼き付いているものである。

知らず知らずのうちに、私たちは「ルイ・ヴィトンを持っていそうな人」という、ルイ・ヴィトンに対応するパーソナリティを持っているのだった。

多種多様な製品ラインを貫く一貫性。見たこともないのに目に映る、「ルイ・ヴィトンが好きな母娘」の顔。決して実在しないはずのものが、あたかもそこにあるかのように感じてしまう私たち。

「ルイ・ヴィトン」という言葉は、もはや具体的な物や人を指してはいない。実体があるわけでもないのに、その名前だけが存在するのだ。

「ルイ・ヴィトン的なる性格」とでも言うべきものは、確かに私たちにとってリアリティを持って迫ってくる。

企業としての組織、技術や伝統、店舗、店員、広告、ロゴ、商品、サービス、顧客、という具体的なモノとモノを一貫してつなぐ名前として、ルイ・ヴィトンという名前はある。

それだけではない。ユーザーから見たら、ルイ・ヴィトンについてこれまで見て、触って、使ってきたそれまでの経験、友達どうしで見せ合いながら感じた優越感やうらやましさ、雑誌広告の写真の世界など、それにまつわる全ての出来事の名前だと言っていい。

これらのように心のなかにあるものの名前として、ブランドはある。

それは単なる概念というわけではない。確かにリアルに私たちをウキウキとさせてくれる名前なのである。

欲しいブランドとは

ブランドとは心のなかにあり、心をウキウキさせるものだと言ったが、ではルイ・ヴィトンというブランドのどのような部分が、顧客をウキウキさせているのだろうか。

このあたり、例えばユニクロと比べると分かりやすい。

ユニクロが一時期大ブームになり、「デフレ時代の勝ち組」などと言われたことはまだ記憶に新しい。これは「なぜ売れているのか」という疑問に対して、もちろん「やっぱり安いから」と誰でも答えられる。むしろ当然過ぎて「ユニクロのどこがいいの?」という疑問が提出されることすらあまりなかった。

しかしこれは、あえてユニクロが個性を排除したことも大きいのではないだろうか。例えばもし町中の人がみな豹柄を着ていたら、おかしく見えるだろう。やはりいくら安くても、クセの強いデザインや一般受けしないような柄を前面に出していたのでは、大量に売ることはブームでも来ない限り、不可能に近いだろう。

「シンプル」「低価格」「品質保証」、このあたりが、ユニクロが大きく成長できた原動力となっているのは疑いない。

しかし、ユニクロにウキウキする人はいるだろうか。

安さにウキウキすることはあるとして、だからといってユニクロばかり着ていることを誇らしく思う人は、まずいないのではないか。それは、単に安いからではないだろう。個性をいっさい排除していることが大きく影響しているように思われる。

ルイ・ヴィトンだって今やあんなにたくさん出回っていて、もはや没個性だという意見もあるだろう。だが私はそうは考えない。

なぜなら、ルイ・ヴィトンというブランドを中心にして、一つのコミュニティが出来上がっているからだ。ルイ・ヴィトンのバッグを持つことは、一見本来の個性を犠牲にし、出来上がった枠に自分をはめているように見える。だがそれはうわべの見解だ。本当に注目しなければならないのは、バッグを持つことは象徴であり、その背後にあるライフスタイルや価値観を暗喩《あんゆ》しているということだ。

バッグが暗喩するものとは、ルイ・ヴィトン・コミュニティというマスイメージだ。「ルイ・ヴィトンを持った女子大生」「ルイ・ヴィトンを持ったフリーター」など、ルイ・ヴィトン＋プロフィールでその人のイメージが明確になるわけである。

思春期を迎えて以来、人は自分と他人の区別とか、そういうことに目覚めるものだと言われる。あなたとは違う、「私」の存在のアリバイが必要になるのである。ブランドはその手段として、いま大いに利用されているようである。あるブランドが好きだと宣言することで、手っ取り早く自分はそのコミュニティに属していることを表現できるからだ。

それは自らの個性を否定するということではなく、区別することから個性の構築がはじまると言ったほうが正しい。その意味で、ルイ・ヴィトンというブランドがどれだけ広がろうと、そのバッグを持つということがその人の個性を排除しているということには、まったくつながらない。

果たしてユニクロに独自のコミュニティがあるかというと、それはかなり疑わしい。こるのである。

ここに、ユニクロとルイ・ヴィトン、どちらが心をウキウキさせるかという違いがあらわれ

「これからは個性をはぐくむ教育を」などといって、画一的な発想やデザインが否定され

はじめてから、ずいぶん長い時間がたった。その一方で「こだわり」「オンリーワン」と

いった言葉は大人気である。

しかし本当に個性的であることなど、よく考えれば不可能に近い。そのなかで独自性の強いブランドがあり、それに共鳴するコミュニティがあったとすれば、「個性」の代替物として十分に機能を発揮できるのではないだろうか。

また、そのブランドの心意気が十分共感できるようなものならば、末永くお付き合いして楽しい生活を送りたくなる、と私などは思うのだが、いかがだろうか。心意気だけでなくとも、そこに託されたストーリーや伝説でもいい。

十分満たされた生活だ、と口では言っておきながらも、私たちは常に現状に満足してはいない。

ルイ・ヴィトンが売れる背景にも、こういった心理が隠されているように思えてならない。そして彼女たちがルイ・ヴィトンのバッグを持つとき、そのバッグはお守りのようにも見えてくるのだった。

終章

徹底討論 どうして売れる ルイ・ヴィトン

（堺屋太一と東京大学堺屋ゼミ生）

報告 村松大地（経済学部三年）

堺屋先生　では、最後になりましたが、ゼミ生みんなで、どうしてルイ・ヴィトンがこんなにも売れるのか、ディスカッションを行いたいと思います。座談会形式で、ざっくばらんに意見交換をしましょう。まず、問題提議として、村松さんが、「欧米ブランドが売れた理由」というタイトルで発表を行ってくれます。では村松さん、お願いいたします。

欧米ブランドが売れた理由

村松大地

近代日本と強国の影

圧倒的な国力こそが価値観の伝播をもたらす。自国をはるかに凌駕した力は、国民全体に持続性のある畏敬と恐怖の念をもたらす。他国の圧倒的な力を見た国民は、その軍事力、経済力に追いつこうと思い、その強大な国と同様の体系を持つ社会的制度を作り上げる。その制度に順応していく過程で、自国の民族が抱いていた元来の価値観から、強国の価値観へと変化していく。

日本の近代はまさにその体現ではないか。明治維新以降、日本は欧米の列強諸国に追いつくために、平時の学校や企業での組織による情報統制、戦時の政府による情報管理を行い、国民の情報の源を制限して目標により効率的に向かわせるようになった。

日本の前には、常に経済的に発展した欧米がいた。その優れた欧米はまた、強大な軍事力を持った恐るべき敵でもあった。そこで、平時における経済発展の達成のために、日本は欧米の政治・経済のシステムを自国より優れたものとして受け入れてしまう「崇拝」の態度をとった。それは、とりあえずはその外圧を加えた欧米の政治・経済のシステムを模倣して、国力を増すための選択であった。国力を増した上で、その後は欧米に圧力を加えてそのコンプレックスを解消しようとしたのである。歴史的に見れば、「崇拝」は「戦争」へと突き進んでいったと言えるかもしれない。

第二次世界大戦以後、日本はさほど大きな抵抗もなく、アメリカを中心とした連合国軍による支配を受け入れた。これは、明治維新のときに、攘夷を唱えていた維新の元勲がさほどの後ろめたさもなく開国論者に転じたのと同様の行動である。日本人の生活は急速にアメリカナイズされた。音楽、ファッションなどの文化面においてアメリカへの追随が見られ、都市にはアメリカ同様の高層ビルが建った。

戦後三〇年で日本経済はアメリカを追い抜くまでに成長した。一九八〇年代、日本の自動車会社はアメリカを脅かし、アメリカの大学では日本式の経営が研究されるようになった。日本は戦争で敗けて以来ようやく、アメリカに対して抱いていたコンプレックスを解消した。

「欧米」という地域ブランドの形成

「崇拝」がどのようにして起こるかもう少し詳しく分析する。外圧に対して「崇拝」という道を選ぶと、政府はいち早く、欧米化達成のために教育と政治の組織を欧米化する。その結果、国民が受け取る情報が欧米からのものに限られる。

欧米化された教育と政治の組織は、より純粋で完璧な理想像として欧米のシステムを位置づけるようになる。「人は情報の整合性を求める」のだ。より進んだシステムとしての欧米像のみが情報として与えられているため、国民はその情報をもとにして情報の整合を行う。結果として、教育や政治のシステムのみではなく、すべての文化や生活面においても欧米が理想化される。

日本の大学において、経済・経営などいくつかの分野はまだまだ輸入学問の色彩が強い。「海外での研究」という言葉は、ほぼ一〇〇パーセント欧米での研究を指す。そして、「海外の研究」はより優れたものというニュアンスをともない、ほぼ無批判に受け入れられる。学生は、欧米の研究成果を学び、欧米の理論を重んじる教授の態度を見る。

こうして学生の中で欧米像が理想化され、新しく育つ研究者も、社会に出る人員も、理想化された欧米像を持つ。また、企業の製品開発の欧米追従も、欧米が理想化するのに貢献する。発展途上国の企業は、最初、欧米先進国における品質の良い製品を模倣して、製品の開発を行う。消費者は、質の悪い国産品を受け取るが、欧米には、もっと優れた製品があるのを知っている。粗悪な国産品と優れた欧米の製品という情報をもとに、消費者は情報の整合を行い、理想の欧米像を持つのである。

こうして次第に、理想像としての欧米が揺るぎないものになってくる。教育、政治、芸術、経済など、数多くの分野から国民は優れた欧米という情報を受け取り、情報の整合を行う。すると、能や歌舞伎などの欧米に存在しない日本独自の優れた文化が伝統芸能として残ることはあっても、社会の大勢は、欧米の政治・経済や文化を優れたものとして無批判に受け取るようになる。こうして「欧米のものならばなんでも素晴らしい」という態度が生まれるようになる。「欧米」という地域ブランドの誕生である。

欧米のブランドが売れた理由

欧米の高級ブランドは、「欧米」という地域ブランドと、自らのブランドによって、二重に支えられたブランドであった。

日本人が欧米のブランドの一つであるルイ・ヴィトンを知るようになったのは、一九七〇年に「ａｎ‐ａｎ」というファッション雑誌が、パリで日本人がルイ・ヴィトンの店に並んでいるのを紹介したのがきっかけである。フランスのルイ・ヴィトンがことさらに日本人に宣伝活動をせずとも、日本人は自らルイ・ヴィトンを「発見」した。これは、ルイ・ヴィトンの品質が優れていたことや、ルイ・ヴィトンがその信頼を蓄積してきた長い伝統を持つことも原因ではあるが、むしろ、日本人のマインドの中に「欧米のものならばなんでも素晴らしい」という「欧米」という地域ブランドが成立していたことが大きいのではないか。また、欧米への「崇拝」によって、教育や政治・経済のシステムが欧米を目標とするものになっていて、日本に入ってくる欧米の情報が日本の欧米イメージに合うものに偏っていたことも、ルイ・ヴィトンにプラスに働いた。情報が絞られたことで、ルイ・ヴィトンをはじめとする欧米のブランドの競争相手が減ったのである。

欧米のブランドが売れたのは、その良好な品質・耐久性も一因ではあるが、根本的には、日本が明治維新以降、欧米を目指して進んでいたからである。

一つは、日本人の主観の中に、「欧米」という地域ブランドが成立していたこと。もう一つは、日本に入ってくる欧米からの情報が偏っていたこと。この二点により、欧米のフアッション業界には、何もしなくても日本人が製品を買いに殺到する状況が生まれた。日本は、高度経済成長を遂げ、バブル期を迎え、そしてその崩壊さえ見て、欧米「崇拝」プロセスの限界点を迎えた。しかし現在も、戦後の「崇拝」プロセスで作られた政治・経済の組織は残っている。露骨なまでに目に見える欧米崇拝が無くなった現状ですら、その土壌として存在する欧米への憧れの意識が、今も我々を「ルイ・ヴィトン」に向かわせているのではないか。

堺屋先生（以下先生）　村松さん、ありがとうございました。それでは、村松さんの問題提議を受けて、ルイ・ヴィトンについて座談会をはじめたいと思います。

アメリカの先にフランスがあった ——ベルサイユ宮殿・歴史・階級への憧れ

先生　まず、ルイ・ヴィトンがなぜ売れたかを考えるにあたっては、二つの道筋がありま す。一つは、今村松さんが言ったように、欧米崇拝ということからルイ・ヴィトンの流行を捉えていこうという考え方。もう一つは、他の欧米文化の中で、あるいは日本の製品も含めて、その中でなぜルイ・ヴィトンが選ばれたかという道筋があると思うんですね。

最初に、欧米崇拝からルイ・ヴィトンが流行したということを考えると、戦後日本は圧倒的にアメリカでした。野球でもボウリングでも全部アメリカのものが入ってきたんです。第一次世界大戦後、日本の欧米・西洋文化の窓口はだんだんアメリカに傾斜していくんですけれども、例えば日本で昭和のはじめに麻雀が流行った。あの麻雀は、数百万人という数の日本人が韓国、朝鮮半島から中国大陸を往復していた時代に、中国からではなくてアメリカから入ってきたんですね。つまり、中国の麻雀がアメリカへ行って、アメリカで流行したものが日本に輸入されたということです。当時アメリカへ行っていた日本人と、中国へ行っていた日本人の差は五倍ぐらいあったんですよ。それなのに、アメリカから入ったんです。戦後はもっとそれがひどくなって、アメリカで流行っている野球は日本で流行ったけれども、ヨーロッパで流行っていたサッカーは九〇年代になるまで流行らなかった。あるいはボウリングが入ってきたときに、ヨーロッパのナインピンズ、つまり九本立てのボウリングは全く流行らないで、アメリカ式の一〇本立てが流行った。このように、圧倒的にアメリカだったんです。

そういう中で「アメリカ文化一辺倒」に反発した人たちがいて、一部には国粋主義、やっぱりヨ本がいいと主張した人々がいました。もう一部には反体制派で、アメリカと最も対立している社会主義、また体制的な考え方を持ちながら、みんなと一緒じゃ嫌だという体制的反主流派というような人たちがですね、フランスがいいよとか、イタリアがいいよとかドイツがいいよとかいうようなことを言ったんだと思うんです。その中で一番多かったのは、フランス贔屓《びいき》であり、シャンソンとフランス料理とフランス映画、フランスの文化ですね。そういうものに憧れた人たちじゃないかなと思うんです。では、その戦後西洋文化・欧米文化の中での「フランス文化」の位置づけを、どのように考えますかね。

山田　一つには、フランスにはアメリカと違って「歴史」という強味があると思います。ファッションとか、そういう格調高いものには歴史がないと権威がない。アメリカよりは、フランスをはじめヨーロッパの方が歴史が長いですよね。例えば、パリコレとかが代表だと思うんですけれども、ニューヨークコレクションよりはパリコレの方が偉いというか権威があるわけじゃないですか。元々モードっていうか、ファッションの文化でいうと、宮廷の貴族からはじまったフランスの方がアメリカより優れている感じがあって、単純にファッションの分野だったらフランスの方が強いってことでフランスを摂取する。

あと梅岡さんが調べてくださったと思うんですけど、アメリカの中にもフランスへの憧れがあってルイ・ヴィトンが流行っていて、それが「ａｎ-ａｎ」とかに紹介されて日本に来たっていう流れがあった。さっき先生がおっしゃったみたいに、麻雀と一緒で一回アメリカにいってそっから日本に来た、っていうのが一つあると思う。

浅野　戦後という長い時間の中で、私の中でのフランスの印象でしかないんですけれど、フランスっていうと「おフランス」みたいな形で少しタカビーな感じが日本の中で捉えられるということが特徴だと思います。「おアメリカ」とは言わないし「おイタリー」も言わないですよね。フランスだけ「おフランス」っていう形で特別視されていることに何かポイントがあるんじゃないかと。

アメリカとフランスを対比して考えたときも、山田君がおっしゃったように、歴史があるかないかっていうことがあって、ホワイトハウスなんか見てもベルサイユ宮殿みたいな造りになっていて、アメリカ自体にフランスに対しての憧れみたいなものがあるんじゃないでしょうか。日本人がアメリカに対して憧れを持ったら、そのアメリカが先に憧れていたフランスへ、飛び火的に段階を経てフランスが位置していたのではないかなと私は考えました。現代の日本においてはアメリカというものを特に重視していないから、アメリカをスキップして直接フランスにいってしまう。そういった構図になっているんではないかなと思います。

後藤　ラテン民族とゲルマン民族で、文化的なものに対するセンスが違うというのもあるんじゃないかなぁと。フランス・イタリアっていうところと、ドイツ・イギリスとかを比べると、例えば（ゲルマン系は）料理が美味しくないとか。そんな深い議論ではないんだけども、そういったセンスの違いも一つあるかなぁ、と。（一同笑）

中村　なぜ僕らはそうなっちゃうんですかね。そこがポイントなのかなぁって。

野﨑　私がフランスっていってまず思いつくのは、「ベルサイユのバラ」って漫画あるじゃないですか。あれを一番に思い浮かべます。フランス文化っていうと、いかにもベルサイユ宮殿とか、そういう貴族たちが舞踏会で舞い踊ってるっていうイメージがあるんじゃないかなぁって思います。アメリカには、あんまり舞踏会で舞い踊ってるっていうイメージはなくて、そういうところに贅沢さっていうかノーブルな感じっていうか、憧れを感じるんじゃないかなぁって。アメリカにない部分として、ってことで。

先生　今ね、歴史と階級が出てきましたね。フランスには歴史がある。歴史があるというと中国にもイギリスにも歴史はあるわけですけどね、フランスは文化の歴史がある、それはベルサイユ宮殿に象徴される。ベルサイユ宮殿ということになると、階級の問題が出てきますよね。フランスには貴族がいるという印象がありますか。それと、ファッションと関係あるかなぁ。

野﨑　絶対あると私は思います。

先生　そうすると、日本の戦後平等主義・民主主義に対して反発を感じる？

後藤　反発とは僕は思わないんですけれども、多分、みんな自分の今いる位置より上っていうと変な言い方ですけれども、より良くなりたいという気持ちは持ってると思います。でも日本の場合は、反発というより、みんなで一緒に平等の形は保ったまま上がって行きたい、というような感じがするんですけれども……反発、なんでしょうかね？

梅岡　平等とはいっても、やはり他の人と差別化を図りたいというのはあると思います。

橋本　僕も同じで、平等の中からより洗練されたものを求めるっていうか。その中で一人一人が飛び出していこう、飛び出していこう、っていう構図になってフランスに憧れるっていう……。

竹原　僕が女子大生のインタビューで感じたのは、周りと比べないと多分、自分がどの位置にいるのかを把握できないってことです。で、多分人間っていうのは幸せでありたいと思う。日本は結果として戦後平等になったけれども、個人としては高い位置にいたい。高い位置にいると感じるためには人と比べなくちゃいけなくて、そのためには人が持っていないハイステータスなものを持ちたいっていう気持ちが起こる……。

ルイ・ヴィトンの勝因はモノグラムにあり

先生　じゃあ次にね、フランスのブランドの中で、あるいはフランス以外のブランドも含めてもいいのですが、どうしてルイ・ヴィトンが一番量的に売れ、かつ二五〇〇万個以上も売れてなお希少価値があるかということですね。その点誰かご意見ありますか。

梅岡　なぜルイ・ヴィトンかっていうのは非常に大きな話になってしまって、広告戦略とか製品とかラインナップとかそういうことが全て関わってくると思うんです。それは一つ置いておくとしても、フランスのイメージということから考えると、ヴィトンには、日本が失ってしまった階級といった、憧れを駆り立てるものは確かにあると思うんです。けれど、フランスのイメージをヴィトンより前面に出しているブランドは他にもたくさんありますよね。例えばシャネルとかイヴ・サンローランとか。だから、フランスのイメージは必要条件ではあるけれども十分条件ではないと思います。で、ヴィトンが日本人になぜ早くから人気が出たかということについて一つ答えになり得るかなと思うのは、やはりモノグラムというものとその色味が、日本人にとてもなじみやすいものだったということが挙げられるのではないかと思います。

野﨑　フランス文化とルイ・ヴィトンってことでいうと、逆に今、ルイ・ヴィトンはちょっと遊びごころがあるところも出したいんだっていう秦社長の話を思い出しました。例えば（ハリウッド女優の）ジェニファー・ロペスとかを広告に使うってのは、フランスイメージだけじゃないところを見せようとしてるんじゃないかなぁと思うんです。エルメスとかは、フランスの馬でどんどん押して行ってるっていう印象を受けますが、そういう戦略じゃないんだろうなっていうのを感じます。

先生　そうすると、フランスは必要条件だけども十分条件ではない。十分条件は、売り方の上手さとモノグラムというところに絞られてきますねぇ。このモノグラムの存在っていうのはやっぱり大きいですかね。

竹原　僕が思ったのは、モノグラムっていうのは規格大量生産のものに少し似てるってことです。っていうのは、モノグラムというのはいつも変わらないから、例えば流行に後れたりすることもないからいつ買っても安心だし、例えばコカ・コーラがどこで買っても同じ味がするように、カップ麺にはお湯を入れて三分たったら同じ味がするように、どこで買っても同じ。そういう面で、今まで日本人が慣れていた感覚にはすごいフィットしやすくて、日本の側にそれを受け入れる下地があったんじゃないかなって思います。

後藤　それに加えてもう一つ、日本人に馴染んだってのは、やはり家紋とかマークっていうのは元々文化的に馴染みがあったのかなぁという気がするんですけど。モノグラムと日本っていうのを考えると、一番マッチングが良かったのかな、と。そんな気もしますね。

山田　それ中村君が反論してるんだけど（笑）。

中村　僕はそうは思わないですね。実際に多くの人が、全く家紋とモノグラムのイメージ連関がないってアンケートで答えているんです。日本で受け入れられている理由としては、やはり家紋は該当しないと思います。むしろ、日本のブランドマーケットへのルイ・ヴィトンの参入の先駆性とかラインナップの豊富さが、日本で支持される所以だと思います。

後藤　それはそうですけど、そうですね、ちょっと直感的な連想なんですけれども、でもこんな連想も面白いんじゃないかなという気持ちの発言なので……（苦笑）。

橋本　僕はおばさんたちにたくさんインタビューしたんですけど、何でルイ・ヴィトンのデザインが好きなんですかと聞いたとき、家紋って言葉はやっぱり聞かれなかったんだよ。やっぱりそこまで知識のある人は少なくて、「合わせやすい」とか「高級感がある色だから」っていうぐらい。消費者ってのはそこまで深く考えてなくて、やっぱり薄っぺらく考えてて、「このデザイン、いいんじゃない」っていう、そのぐらいのスタンスで選んでるのかなって。インタビューでは感じた。

竹原　後藤君の話を聞いて思ったのは、みんなモノグラムを家紋と連想させてはいないけど、元々日本には家紋とかマークがあったから、マーク自体を受け入れるんだ、ってことを言いたいんだと思った。確かに、みんな家紋は認識してないけど、「マーク」ってだけでそれを結構受け入れられる環境だったんじゃないかなぁ、日本は。

浅野　私もすごくそうだなあって思うのは、クーカイっていうフランスのカジュアル・ブランドがあるんですけれども、パリで売ってるクーカイのものと、日本で売ってるクーカイのものは、モノが違うという印象を受けるんですね。輸入する人たちがやはり、日本人が買いやすいものや色を輸入してるっていう話を聞いたことがあるんですけれども、日本で売ってるものは着物の柄のようなものが多かったり、という気がするんですね。そういうことを考えると、自分の中で意識していなくても、家紋とかそういうものが馴染みやすいっていう点がモノグラムが受け入れられた一つの要因ではないかなと思います。

橋本　そう、コーチとかも、なんかあのデザインにしてからすごく売り上げが伸びたって。

先生　あともう一つ、似たようなデザインの奴あるよね。フェラガモ、じゃなしに……フェンディ、フェンディ。似てるよねぇ。

野﨑　似てますね。色もああいう感じの落ち着いた茶系の色ですね。

首位の絶対優位性　――ルイ・ヴィトンのインパクトを、誰も超えることはできない

後藤　素材は似てるのに、なぜルイ・ヴィトンだけがっていうと、売り方以外に思いつかないのが僕の正直な意見なんです。一つ面白い話があって、「新しい商売の形態が誕生したときに一番最初にできたブランドは、ずっと一位を保つ」っていうデータがあるんです。レンズ付きフィルムだと「写るンです」がトップなんですけれども、これは富士フイルムが開発して、それからコダックとか色んな会社が後から参入しても「写るンです」がずっと一位を保ってる。そういうデータがありまして。そう考えると、ラグジュアリー・ブランドを日本でこのような形で売りはじめたのは秦社長のルイ・ヴィトン ジャパンであって、それとパラレルに考えることはできるんじゃないかと。追随したブランドは追いつけないという現象があんのかなぁという気がして。だから、素材自体の話ではないような気がします。

竹原　でも、秦社長が日本にルイ・ヴィトン ジャパンを作られる前から、ルイ・ヴィトンっていうのはもうすでにブームが起きてたよね。で、必ずしも日本人の目に止まったのはルイ・ヴィトンが一番最初ではないし、他のブランドの情報とかモノが入っている時点

でルイ・ヴィトンが入ってきたんじゃあ……。

山田　多分、竹原が言ってるのは、服の方でしょ？　後藤が言ってるのは高級皮革製品で、カバンとかでしょ。カバンは、多分ルイ・ヴィトンが先駆者利益を得てると思うんだ。で、竹原が言ってるブランドは、ディオールとかイヴ・サンローランとか、服がメインの方じゃないの。カバン主体っていうか皮革製品主体は、ヴィトンが一番最初だからっていうことだと思うんだけど。

竹原　いや、ルイ・ヴィトンは会社できたのは最初だけど、その前、ヴィトン買う前からみんな他のものを知っていて……カバンでも。例えばその中のエルメスとかをヴィトンよりも前に知ってて、だから必ずしもそうなのかな、って思ったんだけど、後藤君の話を聞いていて。

橋本　他のラグジュアリー・ブランドを知ってたってこと？

竹原　うん。だからルイ・ヴィトンが日本にできる前から、（ブランド）ブームが起きてたんじゃないかなと。

梅岡　ブームについて言いますと、秦さんがはじめる前から、ブームはあったんです。だから、例えば日本人旅行客とか並行輸入業者がパリのルイ・ヴィトンの店に行列するとかいう事態を受けて、ルイ・ヴィトンは、ルイ・ヴィトン ジャパンを出した。だからその前から日本人はルイ・ヴィトンを持っていたし、日本でも売っていたというのは確かにあると思います。で、他のブランドもあった。

山田　高級カバンは売ってたけど、消費者の側から「高級カバン市場」っていうカテゴリが形成されたのがルイ・ヴィトンが入ってきてから。だからヴィトンが最初だっていうことじゃないんですかね。

後藤　いや素晴らしいフォローですね（笑）。

橋本　消費者の頭にルイ・ヴィトンが一番最初にすごいインパクトを与えた。それが経験、経験、経験となって、カバン＝ルイ・ヴィトンみたいな頭の構造がみんなにでき上がってしまった。だから他社が参入してこようとしても、ヴィトンの最高の経験があるから参入できないっていう参入障壁になるのかなっていう感じがする。

ルイ・ヴィトンにまつわる神話と伝説　――えっ、革じゃない？

梅岡　さっきちょっと山田君が言った話と関連して、お洋服が主体か皮革製品が主体かではちょっと違いがあると思います。シャネルとかディオールとかサンローランは元々洋服ですよね。やっぱり日本人にとってはカバン主体の方が入りやすかったんじゃないかなと思うんですけど。

先生　同じバッグ屋から発達したブランドにはエルメス、プラダ、あるいはロエベ、アイグナー。この辺は大体革屋ですよね。だけどルイ・ヴィトンは革屋じゃなしにカバン屋、木箱屋ですよね。今ルイ・ヴィトンっていうとやっぱり革屋の感じ？

竹原　トランクを思い浮かべる人はあんまりいないと思いますね。

後藤　でも今はもうそういうのが全部ごっちゃになってきていて、若い世代、僕らの中での認識としては、個性は違えど種類は同じ「ラグジュアリー・ブランド」というくくりで考えているような感覚はあると思うんですよ。

野﨑　でも基本的にルイ・ヴィトンっていうと、カバンっていうかモノグラムっていう……。

山田　そうですね、製品のカテゴリではカバンしかなかったですね。アンケートでもトランクって答えた人はいなかったですね。だから多分梅岡さんが書いてたと思うんですけど、カバンを作り出したのが日本に入ってくる前の五〇年代？　六〇年代？……（資料を調べながら）あ、これですね。（一九）五九年にカバンが入ったんです……。

先生　日本に？

山田　いえ、モノグラム・キャンバスで、ソフトなカバンが作られるようになったのが。

梅岡　それまでは、形は違えどハードトランクが基本だったんです。それが、新しいコーティング技術の開発によって、硬くないソフトラゲージの製造が可能になったんですね。

先生　案外新しいですな。

梅岡　そうですね。このコーティング技術に石油が関わっているので……。

川崎　キャンバス地に塩化ビニールを染み込ませて、それが今のモノグラムに……。へー。

竹原　えっ！　革じゃないの？

川崎　キャンバスだよ。

野崎　革じゃないんですか？　アレが革じゃなかったら、私はショックを受けるんですけど。

竹原　（ウェブサイトで見つけたルイ・ヴィトンの解説の印刷を見ながら）あった。ヌメ革？「塗料などの仕上げをしていない革」のことをヌメ革って言うらしくて、コレが基本とか書いてあります……。

川崎　それは、あれでしょ、モノグラムの縁取りとかのとこでしょ、ヌメ革は。

梅岡　「木綿地に特殊コーティングをした現在のキャンバス地が開発され、丈夫でしかもしなやかで折りたためるソフトバッグ、キーポルが大流行しました」って（資料に）書いてあります。今は分かりませんけど……。もしかしたら革かも。でも、取っ手とかは革ですよね。

山田　取っ手とかは革ですけど、(それ以外は) 革じゃないと思います。

先生　ということは、大部分は革じゃないな。

梅岡　いわゆるモノグラムのところは、革ではないんですね。

後藤　こうやって冷静に話してみると分かりますが、結局ルイ・ヴィトン＝革ってなっちゃうのって、なんかこう、僕たち結構適当に生きてるなぁと (笑)。

先生　みんなルイ・ヴィトン＝革と思ってる?

梅岡　私のインタビューした女子大生の子は、「ルイ・ヴィトンの良さは牛革であること」って (笑)。

後藤　ありました、ありました (笑)。

竹原　でも、橋本さんがインタビューしたおばさんたちは、確か「ビニール」とか言ってましたね。「革」とは表現してなくて。

橋本　ああ、確かに。

竹原　だからおばさんたちは分かってるんだなぁって (笑)。

橋本　すごいよね (笑)。いいものを持つと、分かるのか……。

山田　女子高生は革だと思ってて、「エルメスは布なのにあの値段はありえない、ヴィトンなら出してもいい」っていう声があった。

梅岡　そういうことでいえば、ヴィトンも革じゃないって分かっている方も大勢いらっしゃるかと思いますけれども（笑）。あの生地自体がすごいっていうのもあります。

先生　そうそうそう。

竹原　みんなあんまり考えないから、見た瞬間に革だと思ってしまうのか……。

山田　革にこだわりすぎだよ（笑）。

先生　そうするとね、材質にいたるまで神話になってるとすれば、物凄い神話が重なってるということですよね。その神話がやっぱり売れる理由なんだろうな。だから、神話作りの成功、かな？

後藤　その要素は大きいと思います。ってかほとんどがそうかも知れない。

梅岡　でも、神話にヴィトンが追いつこうと、自分で追いつこうとしてるっていう部分もあるんじゃないですか。創業以来のトランク作りにしても、確かに博覧会でいつもメダルを取ったりだとか素晴らしいことはあったと思うんですよ。でも品質のことで言いますと、日本に入るまでは、日本人の目から見ると結構いい加減なところもあったっていう話を秦社長がされていました。例えば縫製のことで、機能的にはいい加減ではないんですけれども、日本人の几帳面さとフランス人の几帳面さが違うので、そういう意味では日本人から見ればいい加減なところがあったということです。けれども秦社長がルイ・ヴィトンジャパンをはじめて非常にうるさく言うようになって一〇年ぐらいして、日本人の考える品質のレベルが理解されるようになったたっていう。

川崎　一回、本国と揉《も》めて全部送り返したって書いてあったんですよ、本に。

梅岡　あと革のことでも、元々はトランクを革で作っていた。戦後にキャンバス地を出して、でまた、一九九〇年ぐらいに「エピ」という全部レザーのバッグを新しく作った。八五年ですね、エピ・ライン。そういう意味ではまた神話を、革もあるという面も見せている。

山田　あいまいな結論なんですけど、やっぱり技術にしろ伝統にしろ、あとはそういう伝説みたいな神話作りにしろ、あとはマーケティングの戦略とか色々あるかな。そういう、ブランドとしてやらなければいけない要素が結構あると思うんですよ。そのどれか一つがスゴクいいからルイ・ヴィトンが他に抜きん出てるってよりは、その全部が総合的に上手いというか、全部合わせて相対的に上にいるって感じだと思うんです。それに、そういったブランドとしてやんなきゃいけないってことを最初に定義したのがヴィトンだ、って面も結構あると思う。

その一つに、秦社長がやった直営店戦略っていうのがあって、それまで全部下請けに流してそこで売ってたのを、自分の教育した社員だけで売るっていう戦略を、日本に進出したときぐらいから採ってるらしいんですよ。で、今はもうほとんどの高級ブランドでは直営店ていうか、ちゃんと接客ができる人を自分で管理して売るっていうやり方が主流になってる。それは高級ブランドの一つの条件だと言っていいと思うんです。そういう条件を何個かヴィトンが最初に作って、それで相対的に上にいるっていう感じではないかと僕は思います。

村上隆×ルイ・ヴィトンの衝撃――一番だからできること

後藤　では、本来業界一位は安定的になるはずのところが「革新」を出し続けているということは、相当すごいという解釈になるってことですか。

中村　むしろ、先駆者利益とか、僕の言葉で言うと「首位の加速度的絶対優位性」ということなんだけれど、そういうのがすでにはびこっているからこそできる自信っていうのがあるんじゃないかな。

野崎　それはもう絶対にあると思う。だって、はっきり言って大きな賭けに出てるって思うことがあるじゃないですか、ルイ・ヴィトンには。例えば村上隆とのコラボレーション企画にしても、他のブランドではやれないっていうのがすごくあるって思う。消費者の意見を実際に聞いてみても「あれはルイ・ヴィトンだから許されるんだ」っていう発言が多くて。それはやっぱり、ルイ・ヴィトンとしての自信っていうか実力っていうか。もうすでにトップ・ブランドである、っていう絶対的なものがあるからこそやれることだなってすごく感じて。やったら危ないかもって思ったら絶対やれない戦略だなって思ったから。

梅岡　トップにいるっていうのもあるけど、根っこがあるっていうのもあると思います。例えば他のブランドにはまだ根っこを見つけられていない、根っこを確立していない段階のところがあると思うんです。けれど、ルイ・ヴィトンはモノグラムが、モノグラムだけじゃないけれども根っこがあって、エルメスもバーキンとかケリーとかそういうものがあって。まず根っこを探さなければいけないブランドとは、ちょっともう違う次元にいると思うので。やっぱりマーケティングをやったら、あの桜の柄のモノグラムなんてものが出てくるとは思えない。やっぱりあれはすごい斬新な提案だと思うから。

後藤　ルイ・ヴィトンは根っこもあるし業界一位やから、村上隆みたいに過激にやっても消費者も大丈夫だろう、って思いながらやってるような。

竹原　「ルイ・ヴィトンはそういうこともするんだよ」ってことを、ヴィトンから言ってる感じですよね。

先生　例えばね、東京大学がブランドだから少々変わったことやってもいいという意識、あるかな？　逆にね、例えばキリンビールなんかは業界一位だから余計なことやっちゃ危ない、イメージ壊すまい、ってことでずっと同じものを作り続けてきた。そうすると、アサヒビールは売り上げが低迷していたから思い切って「スーパードライ」やってみようという気になったわけですよね。そういう、トップ・ブランドだから冒険しないでもいいよっていう意識も一方であるはずだよね。だから東京大学を身近に考えてさ、東京大学なら少々変わったことやってもブランドに傷がつかない、ということになるかどうか。まあ、なるよね。例えば安藤忠男を教授にむかえるとか、ね。

梅岡　なると思います。むしろ、今までの伝統的な学問に固執していたら、どんどん抜かされるっていう方が一般的な考え方だと思います。

山田　予備校業界だと、テスト問題は東大のが一番スゴイ、みたいな。冒険的な試験問題が出るっていう意見が、割とありますね。

村松　東京大学は首根っこだけ押さえていれば何をやっても……。つまり、学問で一番ということだけ押さえていれば何をやっても大丈夫だと思います。

川崎　あの、僕がさっきからずっと思ってたのは、業界一位の話もそうですし、東京大学もそうですけど、一番上にいるっていうことの強みは、みんな知っているということだと思うんです。ルイ・ヴィトンのイメージって、みなさんの友達に聞いても「みんな持ってるよね」って言うと思うんですよ。流行には発信者・リーダー達がいて、次にフォロワー達がいて、僕はわりとそのさらに後からついていく人なんですけれども、ルイ・ヴィトンが強いっていうのはその裾野が広いことだと思います。僕は実家が香川なんですけれども、汚いうどん屋の食堂に行ってもおばちゃんがルイ・ヴィトンのカバンを持ってる。小学校の知り合いのおばちゃんに聞いたんですが、そのおばちゃん、「あ、これみんな持っとるしなんか良さそうやから、高松で買うたんや」って言ってたって。みんなが持ってると、雑誌とか口コミとかで「あの人が持ってるし、コレ使いやすいで」っていう話を聞いて、自分も欲しくなったりする機会が多い。つまり、知名度が高いんだなって思う。ルイ・ヴィトンはみんなが持ってて、みんなが知っている。

知名度と高級感を両立させるには ――ブランド醸成の鍵は「歴史」である

先生 その知名度と高級感ですね、次は。知名度と高級感がどうして両立しているのかというのが最後の問題やな、恐らく。知名度のあるものはたくさんありますよね。食品でもカメラでも電気製品でも。今そういう袋物、カバンのこと袋物と言うんだけども、袋物で知名度があるのはルイ・ヴィトン以外にないかな。
川崎　若者だとポーターとか吉田カバンとか。
先生　吉田カバンってどうだろう。
川崎　おしゃれに目覚めて持ちたいっていう……。
山田　若者のみ、じゃない？（笑）
竹原　あとはやっぱ、知名度でいえばエルメスとか知らない人はいないと思う。
山田　シャネル、グッチとか、有名どころは多分みんな知っていると思うんですけど。
先生　日本製で有名なのある？
竹原　一澤帆布《いちざわはんぷ》ぐらいかなぁ？
山田　マイナーじゃない？（笑）
竹原　マイナーかなぁ。
山田　プラダとかには全然及ばない感じで……。
梅岡　やっぱりあんまりないのかなぁ。
後藤　バッグでは、そこまで強いものが生まれるまでの歴史がなかったっていう可能性は……。

川崎　歴史っていってもエルメスも明治維新のちょっと前、一八三七年創業だから、やっぱりイメージってのは大きいんじゃないかな。

竹原　明治維新以前にカバンはあったのかなあ、日本に？

川崎　明治維新のときに、例えばトランクを作ったりとか洋服の仕立て屋さんをはじめてやったりとか、そういうところはきっとあったと思う。けど、それがブランドとして認知されたかっていうと。僕も知らないですけど。

先生　明治維新のときにできたものと言うと、アンパンかな。

山田　木村屋ですか（笑）。

先生　あのね、私がゲストで出てたＮＨＫの「その時歴史が動いた」でね、木村屋のアンパンを取り上げたんだけどね、あの創業者は幕府の侍だったんですね。廃藩置県で食べていけなくなってパン屋になったっていう話なんです。日本では袋物で言いますと、有名な豊岡の袋物がありますね。兵庫県豊岡市というのはつづらとか、カバンでも、今でも日本で一番生産が多いと思います。大石内蔵助《くらのすけ》の奥さんのりくさんの弟が、京極家という大名家なんだけれども、その京極家が禄《ろく》が減ったときに武士の内職としてつづらをはじめたんですね。それから今でも兵庫県の豊岡市っていうのはカバンで有名なんだけれどもな。最近は中国製に押されてだいぶダメみたいだけれども。

後藤　それでいうとやっぱり、一〇〇年、二〇〇年ぐらい前にはバッグというカテゴリは日本にはなかった。まぁつづらは別ですけど、ルイ・ヴィトンに勝つほどの何かスゴイものはなかったんだろうと思うんです。で、そのルイ・ヴィトンの知名度が高くて、かつ高級なイメージが失われないのは、消費者側にルイ・ヴィトンは高級であって欲しいという欲求があって、その循環は多分マスコミが請け負ってるような気がするんですけれども。常に両者がそうでありたいという気持ちを持ってることが一つ要因として考えられます。もう一つは、ルイ・ヴィトンに代わるものがないのかなぁと、僕は今思ってるんですが。ベンチャー企業がいきなり「高級バッグです！」って作ったとしても、それがルイ・ヴィトンほど認知されるにはこれから一五〇年かかるかもしれないし。

先生　例えばね、エルメスは馬具屋から変わってきたわけね。だから日本でも何か伝統のある奴が、和服屋から変わるとか……。可能性としてどうでしょう。

後藤　それはありうることかもしれないですね。ファッション・ブランドで日本で強いものって何？　日本発のファッション・ブランドって、ない？　ある？　コム・デ・ギャルソンぐらい？

川崎　山田君に借りた雑誌で、（ギャルソンを設立した）川久保玲《かわくぼれい》さん本人が言ってたんだけど、「街中で着てる人を見ない」って（笑）。リアル・ブランドの条件っていうので、秦さんが『私的ブランド論』で書いてた「歴史・伝統・技術・哲学・美意識・品質と保証」っていう六つを育てている日本のブランドが見つからないんじゃないかな。

竹原　ファッション・ブランドは、やっぱ結構クリエイターに負うところが大きいから、歴史がなくてもある程度は日本でも、ギャルソンの川久保玲とかみたいに発展できると思うけど。ルイ・ヴィトンとかはクリエイターがいなくなっても続くブランドだから、そういうのを醸成するためにはやっぱり歴史が必要で……。

日本発ラグジュアリー・ブランドは生まれるか　——ミキモトとソニーの可能性

先生　じゃあ最後にね、日本はラグジュアリー・ブランド、私の言葉で言うともっと広く「知価ブランド」だけどね、これを作るべきかどうか、という議論なんですが、作った方がいいかな。それで、作るべきだとすればどうやったら作れるか、どういう分野に可能性があるか。

中村　「作るべきか」？　「べき」は「べき」ですよね。（一同うなずく）。じゃあ、ハウトゥーの話ですね。

竹原　日本から見てフランスはラグジュアリーなイメージがあったんで、フランス発のラグジュアリー・ブランドが日本に根付いたと思うんです。でも外国から見て、もし日本にラグジュアリーっていうイメージがなければ、日本発のラグジュアリー・ブランドを世界に発信するのは難しいかもしれない。買うときに、日本に憧れとかを感じないと、ちょっと難しいかもって気はしますね。

後藤　だから、日本発ブランドは、ラグジュアリー以外は可能性があるような気もしますね。

先生　大量生産ブランドはいっぱいあるよね。ソニー、トヨタ、カメラでもキヤノンとかね。だけどラグジュアリー・ブランドができるかどうかやな。

日本は今まで大量生産ブランドでは成功してきたわけですよね。ところが大量生産ブランドは、ブランドは残ってるんですけれども、中身は中国製であるとか韓国製だとか台湾製とかになってきてて、日本の産業には空洞化が起こってるわけですねぇ。でもやっぱり、エルメスでもルイ・ヴィトンでも大部分はフランスで作ってるんですよ。まあ中にはそうでないものもあるようですが、いずれにしても利益の大きなものは他所《よそ》で作ってフランスに陸輸、らしいよね。そうだとすれば、日本がどういう知恵の値打ちを稼げるかっていう話になるんですよ。日本発のブランド、日本発ラグジュアリー・ブランドというのを作れるかどうか。

野﨑　例えばルイ・ヴィトンと同じ系譜をたどったラグジュアリー・ブランドってことであれば、西陣織とかそういう日本の伝統工芸で、しかも貴族、公家さんとか芸者さんとか、本当に一部のお金持ちしか買えなかったものがありますよね。そういったものを元にしてはじめたんだっていう触れ込みで海外に持っていけば、可能性はあるんじゃないかなぁと私は感じますけど。

川崎　知名度があれば売れると思います。僕、最近洋服ブラシを「江戸屋ブラシ」というのに変えたんです。それ、一七一八年に元々江戸・日本橋でやっていたハケ屋さんが将軍から江戸という屋号を頂いて、それ以来ずっと続いてる店のものなんですけれども、その店は元々ハケを作っていて、今は洋服ブラシを作っているんです。まぁ知名度では、エルメスとかルイ・ヴィトンにはとうてい敵いませんけれども、伝統ですとか歴史のあるブランドはあると思うんです、日本にも。でもそれをみんなが知らないから、日本発リアル・ブランドがない、ということになるんだと思います。日本のイメージをみんなイマイチ持ててなくて、っていうのはみんな自分が日本人だから色々イメージが分かれると思うんですよ。で、何を核にすればいいかってところが難しい。

竹原　ミキモトっていうのは元々日本の真珠の会社だったんですけど、その部門ではかなり定評があって、それがアクセサリーとかコスメとかにも広がった。まぁ僕は正直よく知らないんですが（苦笑）、母によると結構世界的にもいいんじゃないかって言ってたから。日本発でもし大きなビジネスまで発展するとしたら、ミキモトなんじゃないかと言っておりまして。ミキモトって伝統あるんですか？

先生　御木本幸吉《みきもとこうきち》という人がいまして、この人が真珠の養殖に成功したのは恐らく二十世紀の初め、日清、日露戦争のころだと思う。

野崎　一〇〇年あれば……。

先生　だから大変な、大変なブランドですよ。世界中に日本の真珠というものを流行らせて、えらい勢いだったことがあるんですね。それで、「海女がもぐってアコヤ貝に一丁ずつ入れていく」っていう神話を作りましてね。本当はそうじゃないんだけれども（笑）、アコヤ貝は外に出してから注入してたんで（笑）。

川崎　神話ですね。「モノグラムが革」ぐらい（笑）。

先生　それで膨大な量を作ったんですが、その後、田崎真珠の方が売り上げは増えていったんですね。

後藤　じゃあ結構、日本にもそういうビジネスをはじめる種があるっていうことですかね。そういう種をどっかから拾い集めてきて、上手くマスメディアに乗っけてイメージを拡散させて。で、これは宮内庁、江戸時代からのなんとか、とか歴史をつけて上手いことやっていくと、もしかしてラグジュアリー・ブランドになる可能性があるんでは。

川崎　種はある。

先生　例えばノリタケとかね、あの辺は何となく日本の陶磁器のイメージを使って世界的に売ってますよね。

後藤　そういう、ラグジュアリー・ブランドになるプロセスをまだ経てない種が、日本にはたくさんあるんでしょうね。活かしきれてない、って直感的に思いますけど。

村松　そうだけど、職人さんっていうのは保守的だったりするから。もし、ブランドに育てるんであれば経営をできる人が職人さんにちゃんとやる気を見せて、それで外国に持っていかなきゃ。

先生　それはそうだよね。ルイ・ヴィトンも初代は職人さんだったけど、三代目ぐらいから商売人になったんだよね。商売人っていうか、経営者になったんだよね。

後藤　スタジオジブリとか、ああいうコンテンツ系には、すでに日本ブランドはあるんじゃないですか。「マトリックス」のアニメ版の「アニマトリックス」っていうのがあるんですけれども、あのアニメーション作ったのはほとんど日本のクリエイターって話ですよね。だから既にもうできはじめているんではないかと。どうすれば作れるかというよりも、できはじめている事例があるんじゃないかなぁという。

中村　夏休みに、GE（ゼネラル・エレクトリック）でお世話になっていたんですけど、GEは日本市場で新たに展開する際に日本の何に注目してるかっていうと、ナノテクとアニメ、特にこの二つらしいです。この二つを使って何かブランドができるんじゃないかなって。今の日本のコアコンピタンスってなかなか掴みにくいけど、この二つが世界では注目を集めていると思うんですよ。

先生　あのね、問題は日本に技術があるとか優秀な作業員がいるとかいうことじゃなしに、誰がブランドを取れるかっていうことなんだよね。だからGEが日本に発注してGEが受け取ったら、GEのところにブランドが行っちゃうから、これはダメなのよ。

中村　だから日本の中で何が主力な武器となり得るかってときに、やっぱりその二つが驚異的な武器なんじゃないかなって思ったんです。もしラグジュアリー・ブランドを作るとしたら、アニメってちょっとブランドと連想しにくいけれども、そういったところに原点を見出せるんじゃないかなって意味で僕は言ったんですけど……。

橋本　でもそれはラグジュアリーにはならないんじゃないかな。っていうのは、例えばアニメじゃなくてナノテクで言うと、ナノテクっていうのはまだそんなに広まってないじゃん。まだ機能を売り出してない段階だから、それが洗練されたものとは見られない。新しくて「あ、この機能スゴイな」っていうだけで、「あ、これ洗練されてるな」とは思わない。将来、すごくナノテクが全世界に広まって、それは日本が最初に広めましたということが認知される。で、さらに洗練された付加価値なんかを、デザインとかそういう部分で付けられれば、ナノテクが日本のラグジュアリー・ブランドになるんだろうけど。

中村　今ある技術よりも、昔からあるものを掘り起こさないとダメと。

竹原　で、伝統を利用しようっていうことになる。

後藤　大したことないんですけど、吉本興業は東京出身でも関西ブランドっていうか、これはエンタテイメントというか、その分野では一つ……。いや、思いついただけでごめんなさい（苦笑）。

竹原　でもラグジュアリー・ブランドって、高級感とかを感じさせないと……。

後藤　高級の前に、やっぱ高品質というかモノありきだと僕は個人的に思う。その意味で、例えばソニーっていうのは、ラグジュアリーに変貌する余地はあるんだろうと思ってるんですけど。

野﨑　高品質なものを提供する力は日本は確かに持ってると思います。ナノテクにしろ、アニメーターの実力にしろ。でも、高品質なものは持ってるんだけど、それをいかにブランドとすべくアプローチするかっていう問題が……。

先生　高品質、それから高名声にならんといかんわけよね。名声が高いという。

野崎　それを持たないと結局高級ブランドとして、高い値段で売ることができないから。

山田　高価格が一番、ラグジュアリーの特徴ですよね。

先生　その高価格の理由が、高品質、プラス高名声なんだよね。ブランドというのは。

山田　アニメとかゲームとかマンガはどんなに品質が高くても、他より値段を高くするっていうよりは、品質の高さで数を売るって感じじゃないですか。だからラグジュアリー・ブランドっぽくはないよね。その点ソニーとかは、アイワとかと比べて結構高いけど、ソニーの方がカッコイイしって感じでみんな買っちゃうっていうので、ラグジュアリー・ブランドに変わる芽があるっていうか……。

後藤　うん。今、ソニーが「クオリア」っていうプロジェクトをやってて、それは本物の高品質を追求する、感動価値を与える、っていうものらしい。一つのプロジェクタが五〇〇万、いや一〇〇万かな、そんぐらいするって。それはかなりラグジュアリー・ブランドに近いような気がするんです。もともと「クオリア」とは脳科学用語で、意識が何らかの感覚刺激を受けとったときに発生する感触のことらしいです。数字に還元できない価値っていうものをソニーは発見したと。それが「クオリア」で、それを実現させるＡＶ機器であるとかそういうものを売り出そうとしてる。これはラグジュアリー・ブランドの可能性かなぁと。

橋本　さっきのアニメの話を聞いてて思ったんですが、天皇がソニーのステレオで聴いてたら「あ、これスゴイな」って思うと思うんだけど、天皇がアニメを見てケラケラ笑ってても「これスゲェな」とは多分思わないと思うんですよね（笑）。天皇っていうか、貴族とか、国会議員とか、タレントとか、なんか洗練されたエレガントな感じの人……。高名声とか高級感というイメージを作るのには、何か保証を与えるイメージが必要だと思う。

後藤　問題だと思うのは、江戸時代は将軍がいたわけですけど、今はそういう権威を与える構造が崩壊というか解体しているなあと。だから、ブランドを作りにくい、大量生産にマッチした状況かなぁと。

山田　ルイ・ヴィトンもエルメスも、実際に貴族に売ってたわけですよね、最初は。今は全然普通の人に売っている割合の方が高いけど。で、今から日本発ブランドを作ろうっていっても貴族には売れないから、権威がないっていうので、難しい、と。

先生　エルメスが売れたのは、やっぱりグレース・ケリーと、イングリット・バーグマンと、ジャクリーン・ケネディさんだよな。あのころなんですよね。貴族というよりもタレントですよね。フェラガモは、もっぱらオードリー・ヘップバーンなんですよね。だから貴族でなくてもそういう人はいるんじゃないかな。

山田　タレントとか、ベッカムとかでしょ？

後藤　でも、外国人が認めたら日本人も認めるっていうスタイルでは……。日本人の中で発言権を持っている人、例えば若い人だと仮定して、今若い人は和菓子を食べないっていう概念があったとして、その若い人が和菓子を好きになった、というような、価値の変化が必要だと思う。そういう革新的というか、エルメスが縫い目を見せてそれまでの価値観を覆したような、逆を行くような発想が。

川崎　このごろチョコレートとかポテトチップスとかが並んでるコンビニの棚の所に、ちっちゃいお饅頭を置いてあるのをよく見ます。食べますか？

後藤　食べます！

先生　最近和食、流行だもんなぁ。

後藤　だからこれも、もうちょっと文化的にバーンとやってしまえば、実は結構簡単にできたりして……。「おじいちゃんに認められる和菓子です」って言ってもカッコよくない、ていうか当たり前になってしまうから、「若い人も食べる和菓子です」って言うと「オッ」ってなって、そういうところからはじめると。

梅岡　最近は多いですけどね、和菓子とか抹茶……。

竹原　でも、それが単なる抹茶になっちゃって、そこから先が見えてこない。どこの抹茶とかそういうのが見えないから、ブランドにはならないんじゃ。

後藤　そこまできっちりマネジメントできてない状態なのかもしれない。マネジメントできたら、すごい商売になる可能性があるかも。

橋本　抹茶といえば「ココ」っていうのを作って、はじめは日本人がみんな「ココの抹茶欲しい」って思って、それがさらに世界に広がれば抹茶ブランドになるかも。

後藤　「将軍家になんとか」とか歴史を作ってしまって……その辺でできるかも。

先生　食べ物、あるいは着る物とか、ありそうだね。

浅野　着物はいいと思うんですよね。着物って、ゴージャスだっていうのが見た目で分かるので。ラグジュアリーってことが分かりやすくて。もし和菓子だとか和食ブームが起きて、そこに着物を着ている人がいて、「こんな着物着たいわぁ」っていう風に広がっていったら、面白いかなと思います。

先生　しかし着物っていうのは着るのにすごく手間がかかるんですね。みなさんでも恐らく着付けしてもらわないと、一人で着られる人って今や少ないんじゃないかと思うんです。国会で「和服の日」というのがありましてね、大臣が和服を着て来る日があるんですよ。半分ぐらい着てくるんだけど、私は着ていったことないんだけれども（笑）。一回着るとね、そのあとたたむのが大変なんですよ、袴っていうのはねぇ。

後藤　前、ワイドショーで簡単に着られる着物をやってましたけれども……。

先生　むしろ今欧米に行きますとね、日本人の民族服は女性のパンツだと思われてるんですよね。日本の観光客はみんなパンツで来るから。日本人はスカートを穿《は》かないでいつもパンツで暮らしてる、とかね。まあ、段々事実になってるとこはあるけどね。それを逆に、豪華なモノを作るっていう手はあるかもな。

でも、やっぱりヨーロッパの服装が世界中に流行するときには、かなり着やすくしてるよね。ナポレオン戦争時代のヨーロッパの服そのままだったら、あんまり流行らなかったんじゃないかって気がするけどもね。一部の人はね、鹿鳴館時代にものすごく真似してたけれども、国民的になったのはやっぱり着やすくしたからだという感じがするね。

橋本　寝間着とかどうですかね。僕男子寮なんですけれども、かなりの人が寝間着に甚平みたいなの着てて。あれはすごい機能的だし、高級感出そうと思ったら多分出るんじゃないかなって思って。

後藤　高級寝間着の甚平？

橋本　ランジェリーと、甚平とか（笑）。

村松　そういうのを作るんだったらまず日本ブームを起こさなきゃ。

先生　あのね、その国の典型的な顔の人が美人に見えたら、その国は尊敬されてるってことなんだって。例えば外タレね。人気あるよね。みんな、鼻が高くて脚が長いのがええと思ってるわけ。逆に外国人が、髪の毛をみんな黒くして一重まぶたに変えて、鼻を低くして脚を短くしたいと思い出したらいいわけですよ（笑）。

梅岡　すごく大きな限界を感じます（笑）。

後藤　でも日本人は、外国人のマドンナとかスゴイと思うけど、あんまり好きじゃないんじゃないですか。ＢｏＡの方がええやろ、みたいな……。

竹原　えー、あっち（西洋）の人の方が美人じゃない？

橋本　昔、台湾とか日本ブームとか、ありましたよね。そう思うと可能性も……。

先生　東洋人、一重まぶたで鼻が低くて脚が短い人がすごくいいと思われたのは十四世紀か十五世紀なんですね。例えば、マルティーニらシエナ派の画家が描いた聖母マリアさんの顔は、一重まぶたで鼻が低くて脚が短くて。反対に悪魔は、二重まぶたでトランプのジョーカーみたいに鼻が鷲鼻《わしばな》で頬がこけてて、西洋人の顔なんですよ。マリアさんとかいい人はみんな東洋人の顔なんですよ。なんでそうなったかというと、チンギス・ハーンなんですよ。モンゴルが世界中を征服したから、少しでもモンゴル人に似たいとみんな思ったんですね。モンゴル人ってのはひげが薄いから、ひげを剃る習慣っていうのはそこから来たんですね。それまでみんな、ひげは生やしてたわけ。

後藤　そうすると僕らは相当不幸な時代に生まれてきたわけだ（笑）。

先生　戦争に勝てば尊敬されることは分かったわけですよ。世界中の歴史を見て。で、戦争に勝たないで尊敬される方法を考えよう、という話になるわけですね。

浅野　長生きっていうのはどうですか。健康で、日本人は長寿だ！

先生　長生きってのは確かにあるかもしれんな。「日本式の生活をしたら長生きになる」って言ったらみんな喜ぶかもしれん。

野﨑　脚が短い方が長生きなんだ、とか（笑）。

後藤　でもちょっと……長生きはあんまりカッコよくないじゃないですか。

野﨑　いや、カッコイイと思いますけど。

浅野　不老不死に憧れるっていうのはあるよね。人類永遠のテーマじゃないのかな。

後藤　「不老」の方がカッコイイんであって、「不死」はどうかな……。

先生　「不老」となるとね、アルツハイマーは断然日本が少ないのよ、欧米人に比べて。

竹原　でもやっぱり、「死にたくない」っていうのは人間の本能的な欲求なんで、生き死にに関わると必要なことになってしまうから、ラグジュアリーにはどうかな……。ルイ・

ヴィトンとかは、直接生活に関係ないところで余裕を持たせられているわけだから。

後藤 いや、でも必要からはじまるものもあるかもしれないし。

先生 着るものに関連して言うと、布団がありますよね。あれが健康にいいというので、毛布じゃなしに布団を飛行機やホテルで置いてるところがあるんですよね。

竹原 布団が毛布に取って代われるかってところが問題ですよね。

梅岡 マイナーなところに止まるか、その壁を破れるか……。

先生 やっぱり日本人自身がいいと思わないとダメやろな。やっぱり毛布より布団の方がいいと日本人は思ってるじゃない。だから外国にも説得力があるんで、さっきの話に戻ると、日本人が和服着てないのに和服を広めようってのは無理だろうね。

川崎 じゃあ僕らがあと五〇年我慢して頑張ると!

橋本 我慢しちゃいかんだろ(笑)。

川崎 さっきの話聞いてて思ったんですが、自慢できるものというか、海外に行って「これが日本でこうなってます」って言うときに、やっぱり和服とか折り紙とかって、僕等の普段の生活とは関係ないじゃないですか。普段関係あるのは、例えばコンビニの流通が便利だとか、通販で買っても商品が来ないとか納期が遅れるとかいうことがなくてわりと几帳面だとか、そういうところだと思って。

浅野　普段の生活っていう観点から考えると、「靴を脱ぐ文化」とか、どうですか。アメリカ人って特にすごく高いヒールの靴履くけど、ちょっと時間が空くと疲れるから脱いで裸足でペタペタ歩いたりしますよね。だから、日本の文化として健康習慣、青竹ふみを紹介するとか……。生活に密着してるし。

野﨑　食べ物に戻ると精進料理とか……。

先生　和食はだけど外国で高いよね。

梅岡　高いですし、愛好している人たちがやっぱりお金持ちの俳優さんとか、ハリウッドのセレブとか。ヘルシーなだけじゃなくて、ジャパニーズ・フードはオシャレっていう感じもありますし……。

山田　だから「吉兆」とか海外に進出したら、わりとラグジュアリー・ブランドになるんじゃないかな。

先生　それに陶磁器がついて、テーブルがついて、って広がればいいよね。有名な寿司屋が次に陶磁器を売るとか、内装を作るとか。

梅岡　ライフスタイルを提案するような……。

先生　「吉兆」の陶磁器なんてのは売れるかもしれないね。

ルイ・ヴィトンに弱点はあるか　——悪いところも言ってみよう

後藤　話が全然変わってしまうんですけれども、一応ルイ・ヴィトンの話をしてるので（笑）、最後にルイ・ヴィトンの話を……。少なくともこの座談会の最後に、ルイ・ヴィトンの現状の、まぁいいところは言い尽くした感があると思うので、悪いところも言っておかないと。褒めてばっかじゃあ、ちょっとね。

先生　どうぞ、どなたでもルイ・ヴィトンの悪いとこ。

後藤　やっぱり思うのは、ちょっと拡散し過ぎてるイメージが気になります。今は価値を保ってますけど、もしかしたらこれから下がっていく危険性はあると思うんですよね。例えば浜崎あゆみが「ヴィトンはダサい」とか言い出したら、浜崎じゃなくて（モデルの）ＳＨＩＨＯかもしれませんが、そういうメッセージが強い人が簡単に否定してしまったら、ルイ・ヴィトンの価値が若い人の間では下がる危険っていうのを孕みながら、今進んでる気がします。

梅岡　「否定する危険」っておっしゃいましたけれど、その「否定する危険」が今はすごく低いんではないかと思います。拡散している一方で、今日私が立ち読みしてきた雑誌の

「ルイ・ヴィトンQ&A」というコーナーには、VIPだけを呼んだパーティーっていうのが開かれていたって。あと表参道にはVIPルームがありますよね。そういうところで憧れも残している……。

後藤　発言権が強い人をそういう風に取り込んで、っていう巧さがあるのかぁ。

中村　そう、オピニオン・リーダーを上手く取り込む術を熟知しているっていうところがありますよね。

山田　イメージだけで売れてるんじゃなくて、技術とか色んな要素で売れてるんで、イメージだけ潰れてもそんなに傷が拡大しないっていう考えもあると思います。

後藤　いや、それは分からないですよ。イメージ一個悪くなると、もう全部悪くなるとか。

山田　でも機能性とか、別にイメージが悪くなっても……。あ、でも「機能性が悪い」っていうイメージってのもあるのか（苦笑）。

野崎　例えば「ルイ・ヴィトンに行ったら絶対にすごくいい接客をしてもらえる。ルイ・ヴィトンの人っていうのはみんな本当に素晴らしい人たちなんだ」っていうイメージが今はある。けど、例えば一人「なんか用？」みたいな雰囲気を出した店員さんがいたとしたら、そのイメージがバーっと広がってしまったら、そしたら一気にルイ・ヴィトン批判が噴出する可能性があるというか。

橋本　でも多分ルイ・ヴィトンはそういうことしないから、現実的じゃないと思う。もしもルイ・ヴィトンのイメージやアピールよりも、人々の不満の方が、「みんな持ってるから嫌だ」っていう不満の方が凌駕してしまったら……。その力の方が強くなってしまったら一気に崩れる可能性が……。

先生　二つあると思うんですよ。ルイ・ヴィトンが自滅するのと、ルイ・ヴィトンに代わる何かが出てきて入れ替わるのとですね。まずルイ・ヴィトンに代わるものが出てくる可能性っていうのはあんまりないですかね。

後藤　今のところなさそうな……。

先生　「アレは古くてダサいよ」という形になって、「最近はそっちだ」っていうね、そういうことってよく起こるじゃないですか。

梅岡　あり得るんですけれども、一つ私が思うのは、拡散しているっていうことが逆にルイ・ヴィトンを支えていて、今までルイ・ヴィトンを買った人たちっていうのは、ルイ・ヴィトンの価値がこれから下がらないだろうっていうことに投資しているわけですよね。彼らは、例えばルイ・ヴィトン持ってる人は「ルイ・ヴィトン、ダメじゃない？」とか言われても、「そうだ」とは思わないと思うんですよね。それを否定していく方向に働く、押しとどめる力が働くんじゃないかと思うのですけれども。

後藤　まぁイメージの問題はひとまず置いておくとしても、他に弱点っていうと……その、無敵ってことですかルイ・ヴィトンは？（笑）

梅岡　無敵だとは思わないですけれども、押しとどめる力もあるだろうっていうことで。（ルイ・ヴィトンを否定するイメージが）バーっと拡散するとは思えない。

先生　もしね、例えばルイ・ヴィトンがフランスの会社でなくなったら、がっかりかな。どっかの資本が買収したとしたら。

後藤　もしかして韓国が経済成長して……。

先生　イメージが崩れると思う？

竹原　でもそこ（資本がどこかとか）まで見えなければ、そこまで感じなければ。さっきも話に出ましたけど、みんな多分そんなに深く見てないんで、例えばルイ・ヴィトンがLVMHグループだってことも知らない人もいるんじゃないかなって思うんですよ。そういう風に考えたら、資本が例えばそれこそロシアとかアラブとかの大富豪が買収しても、あんまり表面的な現象としては影響がないんではないかと。

先生　ハロッズを、ダイアナさん（元英皇太子妃）の恋人と言われていた人のオヤジさんが買ったんですよね。アルファイドさん。それで一時、ちょっとごく一部の人の間では失望感があった。それから、ウェスティン・ホテルは青木建設が買い占めて、世界中のウェスティン・ホテルで「アレは日本だよ」って言われて話題になったことがあったんですがね。それはほとんど影響なかったみたいだけども。青木建設は破綻してしまいましたが。

後藤 ブランドっていうのはイメージがほとんど価値を占めてて、そのイメージを生み出すネックを押さえとくのが一番大事かなぁと。

先生 必ずね、イメージが崩れるときには、「ああいう人がやりだしたから、実はこうなってるよ」とか、「最近は安売りしてるよ」とか「大量生産して儲け主義だ」とか、何かそういう噂がともなって、その人が悪いってんじゃなしに、その人が何かやったから悪くなり出した、こういうクッションがあるよね。

後藤 それがない限りルイ・ヴィトンは売れ続ける……。

価格破壊が起きたら危ない！ ——中学生に持たせちゃいけない？

浅野 偽物がどれだけ出回るかっていうのは大きいんじゃないでしょうか。

先生 偽物が出回るとルイ・ヴィトンは潰れるかな。

浅野 見分けはつくと思うんですけど、「偽物でもいいや」って思って持つ人が仮に増えたとしたら、価値は下がっていくかなっていう気はしますね。

梅岡　あと、リサイクル・ショップで値崩れ起こしはじめたら辛い気もする。今のままだったら、値崩れは起こさないと思うんですけれども。

野﨑　価値性の問題ですよね。価値性が下がるっていうのは、大量に売れてるから価値性が下がるんじゃなくて、価値が分からずに持つ人が増えると価値性が下がると私は思うので。例えば中学生とか高校生とかが、何が何だか分からずにたくさん持っているっていうことが広がると、危ないんじゃないかなって思いました。

後藤　ブランドの価値は、ブランドの顧客も背負うということですか。

竹原　みんなが持ってるから、っていうのが価値に含まれつつある現状も逆にあって。みんなが持ってても欲しいと思う人がたくさんいる。欲しいと思うのは、そういう状態に何らかの価値を見出しているわけですよね……。

後藤　その「みんな」っていうのは自分と同じステージのみんなっていうこともあるから、低いステージのみんなが持ってたら……やっぱりちょっと。そこへいくとやっぱり、女子中学生がルイ・ヴィトンを持ってる現状は相当危ないということですか。

竹原　でも、例えば女子中学生が持ってるのは財布だけど、っていう価格の段階を置けばうまくやっていける気がする。

先生　だけどまだ女子中学生が持てる値段じゃないよね。母親のものを子供たちが持ち出すかどうかやな。

後藤　女子高校生ぐらいになると親からもらったりして、クラスの一番カワイイ子が持ち出すっていう印象がある。みんなが持つというよりは、ルイ・ヴィトン持ってる子がクラスでちょっといい顔できるみたいな。だからその辺では価値は下がってないのかもしれないですけど、六〇代ぐらいのユーザーから見たら「若い子が持ってるとねぇ」って気持ちは既にありますし。だからコミュニティによって受け止め方が相当複雑、色々なんかなぁと思います。

中村　ルイ・ヴィトンのそれに対する対応策としては、やっぱりラインナップの豊富さなんですかね。

後藤　それもあるかもしれん。エピは絶対女子高生は持たない、とか。

竹原　でも値段で差をつけないと、最終的にみんな持てるようになって持っちゃう。これから高齢社会じゃないですか。若い人が持つと、たくさんの老人のシェアが逃げていくっていう構図はあるかもしれない。

山田　値段を下げない限り、急に中学生がみんな持てるようにはならなくない？　女子中学生の所得がいきなり上がるとかは、あんまり想定できないから……。

先生　だから流通機構が乱れない限り大丈夫だな。流通機構が乱れると安売りになる可能性があるからね。例えば在庫品一斉セールなんかがはじまって、そのときに半値で売られるということになると、崩れるかもしれんな。
野﨑　それは絶対やらないですよね。
竹原　セールはないって書いてあったよね。
先生　やらないっていうことは、売り切りで卸さないってことね。売り切りで卸したら、そういう閉店大セールとか出ちゃうわな。だから売り切りで卸してないんだな。直営店だけ？
山田　そうですね。
先生　直営店に絞ってるからそういう閉店大セールが出ないんだよね。

ルイ・ヴィトンはどこまで拡大するか――夢の「ルイ・ヴィトン・ホテル」

先生　もう一つね、ルイ・ヴィトンが服を売り出したことについて。これはね、今の知価ブランドの大変な特徴なんです。自分の伝統的なこと以外をやりだすっていうことね。二十一世紀になってからは非常に目立つ現象なんだけども、モンブランが最近カバンなんか売ってますね。ドイツの万年筆屋がカバンとか手帳とか売り出したんですよ。それから紅茶ね。ウェッジウッドが紅茶売り出したり、コペンハーゲンが紅茶売り出したとかね。どんどんイメージを拡大していくんですよ。それでルイ・ヴィトンは比較的少なかったんだけれども、五年ほど前から服とか靴とか売ってるわけ。あれは裏目に出ると思いますか。

中村 秦さんが、一番初めに授業にいらっしゃったときにおっしゃったことで、すごく「え、そうなの？」って思ったことがあるんです。服とか時計とかネクタイとかそういうのは、「全てはカバンを引き立てるための脇役だ」っておっしゃってましたよね。あの話。

山田 （洋服とかは）イメージ戦略に使うのにプラスになってるから。カバンだけ置いて写真を撮ってもそんなに惹き付けられないですけど、カッコイイ服を着てカッコイイ人がルイ・ヴィトンのカバン持ってたら、パッと目がいって、このカバン欲しい、っていう風になると思うんです。

竹原 僕が思うのは、今みんなルイ・ヴィトンのカバンを買う理由っていうのは、実はそんなに積極的ではなくて、消極的って言い方もおかしいですけど、みんな持ってるから私も、っていう面も多いですよね。だから、現状を維持していこうとすれば、もう買うメカニズムができてるんである程度安泰だと思うんですけど、これからさらに会社として大きくしていこうと思うなら、新たな分野に顧客を見出さないと。カバンだけのまま拡大するよりは、そういった他の分野の方がより可能性があるのではないかと。

後藤　拡大できる範囲の話なんですけれども、それはもう業種というか商品の種類ではなくて、そのブランドの持つ価値観にそぐうかどうかだと思います。そぐうならば、その世界観にふさわしいなら、いくらでも拡大できるんじゃないかなぁと。無印良品っていうブランドは、ポテトチップスからベッドまで何でも売ってるんですけれども、あれで一つの世界ができてるんですね。拡張する自由度が高いんだと思うんです。だから今、ルイ・ヴィトンが服に乗り出してるのも自然な話で、ルイ・ヴィトンという世界を表現するのに服っていうのが必要だと判断したからかもしれない。そういう意味では、業種を軸にして拡大できるかと考えるよりも、世界観というか価値観というものが、ポイントになるんじゃないかと思います。

竹原　価値観に合う分野じゃないとダメだよね。

野﨑　例えばルイ・ヴィトンの家具とか……。

後藤　家具はルイ・ヴィトンにそぐうと。価値観として。

川崎　ルイ・ヴィトン劇場っていうのはどうかな。さっき後藤君が言った世界観を表現する場として。ルイ・ヴィトンが新国立劇場とかサントリー・ホールみたいなものを作って、ルイ・ヴィトン・オーケストラとかルイ・ヴィトン劇団とか。違和感ありますかね。

橋本　そこで価値の高いものを生み出せれば……。
山田　そこで吉本新喜劇とかやったらダメだし。
橋本　それだけの技術がルイ・ヴィトンにあればいいと思うけど、もしもないとしたら……逆効果では。
竹原　劇場を作るっていうのは、今の感覚でいうと、プレタポルテのように売り上げのプラスアルファに貢献する意味ではあると思う。でも、ここをメインにするとどうですかね。マーケットが小さい気もする。劇場に行く人って。
先生　どこまで広げていいか、という話になりますよね。ルイ・ヴィトン・パークはどうですか。
後藤　テーマパークですか。は、ないですね（笑）。
先生　ルイ・ヴィトン・ホテルはどうでしょう。
竹原　ホテルだったらいいかもしれない。
後藤　でもやっぱルイ・ヴィトンというと物づくりというのが原点にあると思うので、サービスっていうと……。
竹原　でも「旅」って意味では合ってるじゃん。
野﨑　ただきっと、管理しきれないところには絶対手は出さないんだろうな、ていうのはあると思うんです。例えばホテルだと、また新たに従業員を大量に抱えるってことじゃないですか。そこでミスをしたら、同じルイ・ヴィトンがミスをしたってことになっちゃうから……。

先生　あのね、そろそろ終わりにしますけれどもね、そういうイメージ連関でどんどん事業を広げた人っていうと小林一三《いちぞう》なんですね。阪急電鉄をやって、阪急百貨店をやって、それから宝塚歌劇をやって、宝塚の連想で東宝映画というのをやって。どんどんイメージを広げて、それで東洋製罐っていう缶詰会社の創立にも関わってるんだけどもね。小林一三の場合は「中の上」を狙ったんですよ。同じように、ルイ・ヴィトンは「中の上」ってところ狙ってるのかなぁと思いますね。

ブランドでどれが売れるかって言うと、フランスは割合高級なところ。フランスワインってのは高級ワインのイメージで実際高いんですけれども、フランスへ行ったら三〇〇円からあるのよね。日本以外の国へ行ったら、フランスワインが高いっていうイメージはないんですよ。日本だけなんです。なぜかと言うと日本では、フランスの高級なものが多く輸入されているから。イタリアはこのちょっと下、だいたい「キャンティ・クラシコ」クラスが来るわけ。チリとかあの辺に行くともうちょっと安いやつ。ヨーロッパへ行って、一番いいワインを注文すると、ルーマニアワインとかそういうのが出てくることがあるわけですよ。一本数十万円とかっていうもので、フランスワインじゃないんですよ。でも、そういうのは日本に入ってこないよね。日本に入ってきても売れない、と思ってるんですよね。

ルイ・ヴィトンというのは、一番てっぺんじゃなしに、エルメスの方はてっぺんだけども、ちょっとマーケットの膨らんだところを狙ってるのかな、って気はするんだねぇ。その戦略は非常に上手いと思うな。それで高級感を保ってるんだよな。やっぱり凄いね。

あとがきにかえて　～ルイ・ヴィトンを追った旅路

東京大学堺屋太一ゼミナール　竹原浩太

「どうして売れる　ルイ・ヴィトン」

この謎を解き明かすべく執筆された本書はいかがだったでしょうか。

最後まで読んでくださった皆様に感謝しつつ、最後に一言述べさせていただきたいと思います。


この本は、二〇〇二年度に開講された「東京大学堺屋太一ゼミナール」の有志により誕生しました。そもそも当ゼミは、「ブランド・ビジネス」一般について研究をするゼミとしてスタートしました。その分析の過程で、ルイ・ヴィトン　ジャパンにインタビューをお願いしたことがご縁となり、このような本の執筆という大役を担うことになったのです。

もちろん本の執筆は、ほとんどのメンバーにとってはじめての経験でした。最初のころのミーティングや原稿では、みんな思い思いのことを好き勝手に言ったり書いたりしている状態で、これを本という形で出版できるとは到底思えませんでした。そもそも私たちは、これから自分たちが書いていく「ルイ・ヴィトン」自身についてさえ、あまりにも知らな過ぎたのです。本の執筆を山登りに例えるならば、まだその頂上は雲に隠れ、山全体の姿すら見ることはできていませんでした。

ですが、その後ミーティングを重ね、様々な資料を読んだりお話を伺ったりして、少しずつルイ・ヴィトンを深く知るにつれ、また、堺屋先生や講談社の方のご意見を伺うにつれて、私たちがこの本にどのような内容を込められるのか、またどのような分析を進めていくべきなのかが分かってきました。

どうして私たちはルイ・ヴィトンを欲しがるのか、なぜ私たちにとってルイ・ヴィトンは心地いいのか……。そう、この山登りの道しるべは「私たち」自身でした。

今、私たちが伝えられること、私たちにしかできないこと。それは、同世代の人々の生《なま》の声を、同じ感性を持つ私たちなりに分析して紹介していくことだ、それこそがこの謎を解く鍵なんだ、そう気づいたとき、今まで見えていなかった山の頂上が、はっきり見えた気がしました。

もちろん、頂上が見えたからといって、本が完成するわけではありません。得ることのできた様々な考え、意見、声を、いかにしてしっかりとした分析へと導いていくのか、そしてどのようにして分かりやすい文章へと昇華させていくのか。私たちの表現能力の乏しさもあいまって、ここからは大変に険しい道となりました。

学生同士でも相互に批判し合い、時に議論を闘わせました。自分ではすっきりした文章だと思っていても他人が読むとそうではない。ある人には納得してもらえたけれど、今度はこちらの人が納得しない……。そういったことは日常茶飯事で、そのたびに根本的に原稿を書き直したり細かな修正を重ねたりして、ようやく今日の形にたどり着くことができたのです。

もしかすると、私たちが今いる場所は、まだ頂上ではないのかもしれません。ちょっとだけ見晴らしはよいけれども、皆さんから見ればまだ登り坂が続いているように見えるのかもしれません。ですが、私たちは敢えて、この文章を皆さんの前に送り出したいと思います。

ある学生が、最後の原稿を提出したときにこう言いました。

「この文章は本当に読んでいただくに値するものなのでしょうか？　読んだ方々は本当に

この結論に納得してくださるのでしょうか？」
多分この気持ちは、学生全員が大なり小なり胸の中に抱いていた気持ちだと思います。ですが、極めて個人的な考えなのですが、私は次のように考えています。

私たちがこれまで学んできた「ルイ・ヴィトン」は、その内に確たるコンセプトを秘め、それを顧客に伝えるための努力は欠かさなかったが、顧客に媚びることは決してなかった。であるならば、私たちも伝えたいことを最大限伝えられるように努力してきたのだから、恥じることなく堂々とこの文章を読んでもらいたい。そしてその上で、納得し得るものなのかを読者一人ひとりに判断していただきたい。

偉そうに感じられるかもしれませんし、何を当たり前のことをとあきれられるかもしれません。しかしこう考えることで私たちは、出版物という形で自らの考えを皆さんに知ってもらう、そのプレッシャーに対して闘い、納得のいくまで試行錯誤を積み重ねることができたと思っています。ですから、皆さんに納得していただけないかもしれない、それでも私たちの精一杯の文章が、謎を解く一つのきっかけになることを強く信じています。

この本の執筆にあたっては、様々な方のご協力をいただきました。ゼミ生を代表してその全ての方に謝意を表しつつ、特に、以下の方々へお礼を述べさせていただきます。

この本の執筆に、資料の提供、インタビューへの協力をはじめ、全面的なご協力をいただいたルイ・ヴィトン ジャパンの秦郷次郎社長、カワスジー牧里様、北尾陽子様、三股桂子様、ありがとうございました。また、ゼミを様々な面でサポートいただいた堺屋太一事務所の岸ゆかり様、東京大学先端科学技術研究センターの新井恵子様、ありがとうございました。さらに、本の構成から原稿の内容までをご指導いただき、またしばしば原稿が遅れるなどで多大なるご迷惑をおかけした講談社の豊田利男様、砂田明子様、ありがとうございました。そして最後に、未熟な学生たちをご指導いただいた堺屋太一先生に心よりお礼申し上げます。

皆様のご協力がなかったら、この本は到底完成することはなかったと思います。本当にありがとうございました。

あなた自身、友人、大切な人、そして道行く人々が身につけている「ルイ・ヴィトン」、それがなぜ今そこにあるのか。この本がそんなことを考える一つのきっかけになれば、望外の幸せです。

★著者紹介（東京大学堺屋太一ゼミナールメンバー）★

堺屋太一（さかいや・たいち）

1935年大阪府生まれ。東京大学経済学部卒業とともに通産省（現経済産業省）に入る。

通産省時代に日本万国博覧会を企画、開催にこぎつける。

1978年通産省を退官、執筆・講演活動に入る。

1998年７月から2000年12月まで経済企画庁長官を務め、現在、内閣特別顧問、上海万国博顧問。

2002年から東京大学先端科学技術研究センターにて教鞭をとる。

著書には『油断！』『団塊の世代』『巨いなる企て』『豊臣秀長』『知価革命』『時代が変わった』『東大講義録』『歴史の使い方』など多数。

竹原浩太（たけはら・こうた）

経済学部３年
東京学芸大学教育学部附属高等学校卒（東京都）

梅岡陽子（うめおか・ようこ）

法学部４年
お茶の水女子大学附属高等学校卒（東京都）

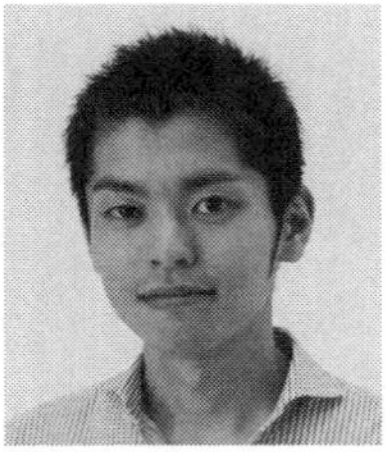

川崎智光（かわさき・ともみつ）

経済学部３年
大手前高等学校卒（香川県）

橋本隆之（はしもと・たかゆき）

経済学部４年
金沢大学教育学部附属高等学校卒（石川県）

浅野玲子（あさの・れいこ）
法学部４年
渋谷教育学園幕張高等学校卒（千葉県）

野﨑景子（のさき・けいこ）
教養学部３年
私立女子学院高等学校卒（東京都）

山田聰（やまだ・そう）
法学部３年
都立日比谷高等学校卒（東京都）

中村慎太郎（なかむら・しんたろう）
経済学部３年
ラ・サール高等学校卒（鹿児島県）

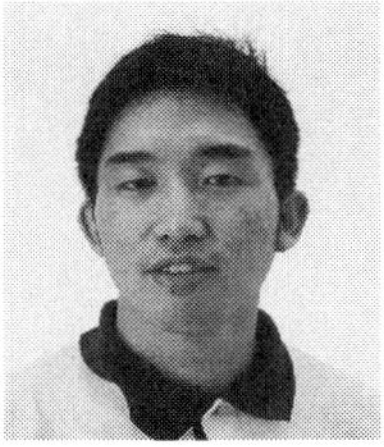

村松大地（むらまつ・だいち）
経済学部３年
浜松北高等学校卒（静岡県）

後藤洋平（ごとう・ようへい）
工学部３年
西大和学園高等学校卒（奈良県）

掲載写真クレジット

P.36上段右　© Archives Louis Vuitton
P.36上段左　© Archives Louis Vuitton
P.36中段　© Archives Louis Vuitton
P.36下段右　© Antoine Jarrier
P.36下段左　© Eric Leguay / Collection Louis Vuitton
P.37上段右　© Archives Louis Vuitton
P.37上段左　© Archives Louis Vuitton
P.37中段　© Collection Louis Vuitton
P.37下段　© Archives Louis Vuitton
P.45上段右　© Archives Louis Vuitton
P.45上段左　© Alain Beule / Collection Louis Vuitton
P.45中段、下段　© Archives Louis Vuitton
P.49　© Antoine Jarrier
P.55　© François-Marie Banier
P.181　© Archives Louis Vuitton
P.185　© Antoine Jarrier
P.189上段右　© Antoine Jarrier
P.189上段左　© Louis Vuitton
P.189中段右　© Archives Louis Vuitton
P.189中段左　© Laurent Bremaud
P.189下段　© Eric Sauvage
P.195　© Archives Louis Vuitton
P.201　© Archives Louis Vuitton
P.275　© 渡辺誠

N.D.C. 304　　342p　20cm

どうして売れる　ルイ・ヴィトン

2004年10月15日　　第1刷発行

著者　堺屋太一
梅岡陽子　竹原浩太　橋本隆之　川崎智光　野﨑景子
浅野玲子　中村慎太郎　山田聰　後藤洋平　村松大地（掲載順）

発行者　野間佐和子
発行所　株式会社　講談社
東京都文京区音羽2-12-21　郵便番号112-8001

電話　編集部　03-5395-3516
販売部　03-5395-3622
業務部　03-5395-3615
印刷所　慶昌堂印刷株式会社
製本所　株式会社若林製本工場

ISBN4-06-212449-1